国家科学技术学术著作出版基金资助出版

氮气驱替提高煤层气采收率关键技术研究与应用

陈军斌 熊鹏辉 聂向荣 等 著

科学出版社
北 京

内 容 简 介

本书以彬长矿区大佛寺井田为研究对象，在充分论证氮气驱替煤层气可行性的基础之上，结合室内实验、数值模拟和矿场试验等手段，重点研究了氮气驱替煤层气过程中的驱替渗流特征及关键施工参数的影响变化规律等，建立了系统的氮气驱替煤层气高效开发的理论和具体矿场实施方法，为氮气驱替煤层气的高效开采提供了坚实的理论基础和现场实践指导经验。

本书可供从事煤层气开采相关工作的专业技术人员和研究生参考。

图书在版编目（CIP）数据

氮气驱替提高煤层气采收率关键技术研究与应用／陈军斌等著 . —北京：科学出版社，2022.1
ISBN 978-7-03-070115-2

Ⅰ.①氮… Ⅱ.①陈… Ⅲ.①注氮气–气压驱动–煤成气–提高采收率–研究 Ⅳ.①TE375

中国版本图书馆 CIP 数据核字（2021）第 211516 号

责任编辑：王 运／责任校对：张小霞
责任印制：吴兆东／封面设计：北京图阅盛世

科学出版社 出版
北京东黄城根北街 16 号
邮政编码：100717
http://www.sciencep.com
北京中科印刷有限公司 印刷
科学出版社发行 各地新华书店经销

*

2022 年 1 月第 一 版 开本：787×1092 1/16
2022 年 1 月第一次印刷 印张：9 1/4
字数：220 000
定价：128.00 元
（如有印装质量问题，我社负责调换）

前　　言

随着经济飞速发展，我国能源需求持续增长，油气供需矛盾日益突出。自 1993 年中国由原油出口国变为原油进口国起，原油进口量随着国内发展的需求逐年增大，2019 年《BP 世界能源统计年鉴》表明中国石油对外依存度高达 72%。为了保障我国能源安全，煤层气作为一种接替能源已成了必然选择，煤层气作为清洁能源，可作为居民生活用气、发电、化工原料及工业优质原料等，具有广阔的应用前景。

煤层气的主要成分为甲烷，赋存在煤岩中，在煤炭开采中容易引起爆炸等灾难事件发生，不仅如此，从煤矿中抽采出来的煤层气大部分直接排放到了环境中，不仅造成了大气污染，而且还破坏了臭氧层，加剧了温室效应。但煤层气作为一种新型清洁能源，燃烧同样热值释放的 CO_2 比煤炭少 75%，比石油少 50%，同时其造成的污染物也仅仅为煤炭的 1/800，石油的 1/40。因此，加快发展我国煤层气开发利用，提高其在能源系统中的占比，可以有效降低 CH_4 和 CO_2 的排放，具有重要的环保效益。

煤岩是一种有机岩，其中原生裂缝和微孔隙发育程度较高，孔隙和裂缝的微观特征会直接影响煤层气在煤岩中的赋存方式和运移机制。煤层中 80% 以上的煤层气吸附在煤岩基质的微孔隙中，少量的煤层气游离在裂隙中。因此，煤层气的吸附作用将直接影响煤层气的运移及储集机理，进而影响采收率。我国煤层地质条件复杂，具有"三低一高"（储层低压力、低渗透性、低饱和度、高变质程度）的特点，煤岩渗透率比美国小了 1~2 个数量级，国外众多开采技术引进到我国并不能达到预期效果，为了提高我国煤层气单井产量以及采收率，我国研究了多种煤层气增产的方法。国外矿场应用表明，注 CO_2 驱替煤层气技术，无论是从环保、安全，还是经济的角度，都具有可行性，其增产效果也相对明显，但该技术仍存在一些难以解决的问题：①我国在地面进行甲烷气体抽采的目的之一是为了保证煤矿安全开采，但是在注入高浓度的 CO_2 气体之后，防透析问题成为一个技术难题。②我国煤层属于低渗煤层，煤岩吸附 CO_2 后会发生膨胀，使得运移通道的体积变小，导致渗透率降低，影响 CO_2 气体的继续注入，以致 CO_2 无法注入深部煤层或者达不到增产的效果。③煤层中存在地层水，与注入的 CO_2 发生化学反应后产生酸性物质，对井下的管具和仪器产生腐蚀。④经济获取大量 CO_2 气源也是 CO_2 驱替煤层气应用的重要制约因素。因此，注 CO_2 并不十分适合我国煤层气开发的实际情况。

氮气驱替煤层气能有效避免上述缺点，氮气不仅能够提高煤层气的采收率，同时可以保证开采过程安全高效。注氮气开采煤层气的主要机理在于：一是煤层注入氮气通过降低储层 CH_4 分压，破坏煤层微孔隙中原始的多分子吸附解吸平衡状态，使吸附态 CH_4 气体变为游离态；二是煤层注入氮气相当于给煤层气体注入能量，使气体流动速度增加；三是煤层注入氮气将会改变储层煤岩孔隙结构，提高储层渗透率。因此，注氮气开采煤层气比较适合我国低渗透储层煤层气的大规模开发，应用前景可观，有望成为一种新的煤层气增产技术手段。

目前关于注氮气驱替煤层气的研究相对较少，不同煤层气储层赋存条件差异大，氮气注入煤层气储层后，气体流动情况复杂，关于气体的解吸规律、扩散规律、渗流特征以及注气工艺参数等还未形成统一认识。因此笔者所在课题组依托陕西省工业科技攻关项目"氮气驱替提高煤层气采收率关键技术研究"（项目编号：2016GY-162）和陕西省煤层气开发利用有限公司横向项目"注氮提高煤层气单井产能工艺研究"（项目编号：2015SMHKJ-B-J-63）对注氮气提高煤层气采收率的关键技术进行了探索研究，本书即是相关研究成果的总结，主要内容包括以下几方面。

（1）以彬长矿区大佛寺煤田为研究对象，首先概述了煤层气的生成、赋存和运移规律，然后通过实验研究分析了煤岩样品的矿物组成、孔隙度、渗透率、孔隙微观结构等物性参数，为进一步研究煤岩吸附解吸规律提供基础参数。

（2）在掌握煤岩样品基本物性的前提下，利用等温吸附对煤岩样品进行了吸附解吸实验，研究了煤岩样品在不同温度、压力下的 CH_4、N_2 和 CO_2 等吸附性气体的吸附解吸规律，并对不同气体在相同条件下的吸附解吸规律进行了对比分析研究，为下一步分析注氮气驱替煤层气机理提供理论基础与依据。

（3）在明确不同吸附性气体在煤岩上的吸附解吸规律后，为了研究吸附性气体对煤岩基质变形和渗透率的影响，利用 CT 扫描技术刻画了煤岩吸附 CO_2 后煤岩裂隙空间尺寸的展布特征，基于煤岩三轴渗流测试系统，测试了不同应力条件下吸附性气体的渗流特征，研究了 N_2、CH_4 和 CO_2 等吸附性气体对煤岩渗透性的影响。

（4）自行设计搭建了实验装置，分别进行了核磁共振仪注气驱替煤层气的实验研究和填砂管注气驱替煤层气的实验研究，探究了不同注气压力、气体种类、注气方式等工艺参数下的驱替效率，优化出合理的注气方案，为后期现场施工提供参考依据。

（5）基于数值模拟技术，对注氮气驱替煤层气的工艺参数进行了优化设计。首先建立驱替过程的数学模型，然后探究注气压力、段塞量、间歇时间对驱替效率的影响规律，并通过数值模拟手段，对各参数进行了参数优化。

（6）在前期室内研究的基础上，在彬长矿区大佛寺煤田煤层气开采现场进行了注氮气提高煤层气采收率试验研究。矿场施工表明，注氮气提高煤层气采收率应用效果良好。

尽管我们在注氮气提高煤层气方面做了上述工作，但是注氮气驱替煤层气技术目前在国内外应用的具体案例较少，注氮气驱替煤层瓦斯过程是涉及多物理场耦合的复杂科学问题，注氮气驱替煤层气涉及的基础理论体系还未充分建立，仍有大量工作需进一步开展，其中包括：①煤岩中有大量的纳米孔，孔隙尺寸和平均分子自由程尺寸相当，因此气体分子和孔隙界面的碰撞不可忽略，对于煤层气而言，吸附、表面扩散、滑脱效应和克努森扩散都是气体在纳米尺度孔隙流动的重要机制，需要进一步研究。②N_2 注入煤岩之后，会和 CH_4 发生竞争吸附，微纳孔隙尺度的气体传输从以 CH_4 为主导的近单相传输变成了 N_2 和 CH_4 同时传输的二元传输，揭示 N_2 和 CH_4 二元竞争吸附及多相传输机制，对于煤层气高效开发具有重要意义。③目前对注 N_2 过程中的煤岩岩体损伤演变机理以及流体窜流对整个储层流场影响的研究较少，同时缺乏地质参数（孔隙度、渗透率）空间非均匀分布对 N_2 驱替煤层气效果影响的研究。

本书撰写过程中，西安石油大学的陈军斌完成了第 1 章的编写工作，并负责全书统稿，聂向荣完成了第2章和第3章的编写工作，曹毅完成了第4章的编写工作，黄海完成了第5章的编写工作，龚迪光完成了第6章的编写工作，陕西省煤层气开发利用有限公司的熊鹏辉完成了第7章的编写工作。此外，西安石油大学的硕士研究生白蕊、石强和邓好进行了大量的实验，陕西省煤层气开发利用有限公司索根喜高级工程师和徐怀民高级工程师及陕西新泰能源有限公司的张治仓高级工程师对本书中涉及的矿场施工给予了极大支持和帮助，在此一并表示感谢。本书的出版得到了西安石油大学优秀学术著作出版基金、陕西省工业科技攻关项目（项目编号：2016GY-162）和国家科学技术学术著作出版基金的资助。陕西省煤层气工程技术研究中心、陕西省油气井及储层渗流与岩石力学重点实验室、陕西省油气田特种增产技术重点实验室和西部低渗–特低渗油藏开发与治理教育部工程研究中心也给予了大力的支持和帮助。此外，对本书所引用的相关研究报告资料的作者及其他相关研究人员表示感谢，由于篇幅所限在此不能一一列举，深表歉意。

尽管全书我们做了精心的筹划和安排，但由于时间紧迫和水平有限，书中不妥之处在所难免，敬请各位专家和读者批评指正。

陈军斌

2021年5月于西安

目　　录

第1章 绪 论

煤层气作为一种资源量巨大的非常规天然气资源，已逐步走向大规模开发利用阶段，煤层气在能源中的地位日益提高。因此，高效开发煤层气是世界上所有煤炭资源丰富的国家都要关注的重要问题。高效开采煤层气不仅能够保障我国能源安全，而且能够减少煤炭开采过程中温室气体的排放，并对煤炭的安全开采具有保障作用。

1.1 开采煤层气的意义

煤层气俗称"瓦斯"，是储存在煤层中以甲烷为主要成分，以吸附在煤基质颗粒表面为主、部分游离于煤孔隙中或溶解于煤层水中的烃类气体[1]。在煤矿区，煤层气既是威胁煤矿安全生产的灾害性气体和引起气候变暖的重要温室性气体，又是一种可替代常规天然气的高效、洁净能源。我国地质构造条件复杂，高瓦斯、煤与瓦斯突出矿井多，煤矿瓦斯爆炸事故常有发生，造成极为严重的损失。随着矿井不断向深部延伸、开采规模加大，瓦斯灾害问题将更加突出。同时，每年我国煤矿向大气中释放的甲烷量约为 $200 \times 10^8 \mathrm{m}^3$，不仅造成环境污染，也浪费了大量能源[2]。

1.1.1 矿井安全需求

我国为煤炭大国，煤矿安全事故频发，而造成煤矿安全事故最主要的原因就是瓦斯（煤层气）爆炸。我国高瓦斯矿井居多，国有重点煤矿 70% 以上是高瓦斯、煤与瓦斯突出矿井，随着采煤深度的增加，煤矿瓦斯的威胁逐步加大，绝大多数国有重点煤矿由瓦斯矿井转为高瓦斯矿井。目前，我国已成为世界上煤与瓦斯突出灾害比较严重的国家[3]。

自 2001 年来，我国非常重视并投入大量资金用于煤矿瓦斯抽采，煤矿安全事故造成的人员伤亡虽呈现下降趋势，但煤矿事故仍时有发生。据统计，近年来我国由瓦斯事故造成的人员伤亡约占煤炭行业安全事故人员伤亡人数的 25% ~ 40%，造成了巨大经济损失。"十一五"期间，国家加快调整煤炭工业结构，淘汰煤矿落后产能，将煤层气（煤矿瓦斯）抽采利用作为防治煤矿瓦斯事故的治本之策，煤矿瓦斯防治形势持续稳步好转，瓦斯事故和死亡人数大幅度下降[4]。

煤层气（煤矿瓦斯）开发利用"十二五"规划中提出，要加快安全高效煤矿建设，不断提高煤矿安全生产水平，加快煤层气（煤矿瓦斯）开发利用，强力推进煤矿瓦斯先抽后采、抽采达标，从根本上预防和避免煤矿瓦斯事故。"十三五"期间，更是明确提出要新增煤层气探明地质储量 $4200 \times 10^8 \mathrm{m}^3$，建成 2 ~ 3 个煤层气产业化基地；2020 年，煤层气（煤矿瓦斯）抽采量达到 $240 \times 10^8 \mathrm{m}^3$，其中地面煤层气产量 $100 \times 10^8 \mathrm{m}^3$，利用率 90% 以上；煤矿瓦斯抽采 $140 \times 10^8 \mathrm{m}^3$，利用率 50% 以上，煤矿瓦斯发电装机容量 280 万千瓦，民用超过 168 万户；煤矿瓦斯事故死亡人数比 2015 年下降 15% 以上[5]。

因此，综合抽采瓦斯是解决矿井瓦斯事故最根本、最有效的途径。近年来煤炭开采过程中瓦斯超限时有发生，严重制约了煤炭的正常、安全生产，瓦斯治理形势比较严峻，井下瓦斯治理投入也逐年增加。通过地面与井下综合抽采及利用，不仅可以降低井下瓦斯治理难度，提高煤炭生产效率，而且可以充分合理地利用煤层气洁净能源。

1.1.2 清洁能源需求

伴随着经济飞速发展，我国对能源的需求持续增长，油气供需矛盾日益突出。自从 1993 年中国由原油出口国变为原油进口国起，原油进口量随着国内发展的需求逐年增高。2016 年我国进口原油 $3.8×10^8t$，与 2015 年同期相比增长 13.6%，进口金额达 1164.69 亿美元，原油对外依存度高达 65%。天然气与原油一样在近几年出现供应缺口，自 2007 年开始，我国成为天然气净进口国，当年净进口天然气 $1.4×10^8m^3$，占天然气消费量的 1.99%。2016 年底，我国天然气消费量为 $2058×10^8m^3$，产量为 $1368×10^8m^3$，供需缺口近 $700×10^8m^3$，对外依存度为 34%，且该趋势还在不断增大[6]。

煤层气是一种洁净、高热值气体能源，我国埋深 2000m 以下的浅层煤层气地质资源量约为 $36.81×10^{12}m^3$，居世界第三位，可采资源量为 $13.90×10^{12}m^3$[7]。煤层气的资源量和我国常规天然气资源量相当，可采前景好。因此，煤层气作为我国非常规能源的接替已成为必然选择，其大量开发和利用对我国工业长期快速发展具有重要的现实意义。

目前，我国在煤层气开采利用方面已经取得一些突破，"十二五"期间，煤层气地面开发利用步伐加快，规划期末煤层气产量、利用量是"十一五"末的三倍。沁水盆地、鄂尔多斯盆地东缘产业化基地初步形成，潘庄、樊庄、潘河、保德、韩城等重点开发项目建成投产，四川、新疆、贵州等省（区）煤层气勘探开发取得突破性进展。"十三五"期间，国家进一步实施能源供给侧结构性改革，着力建立多元供应体系，提高非化石能源和天然气的生产消费比重，促进能源生产和供应方式向安全、绿色、清洁、高效方向发展，能源结构进一步优化。大力推进煤层气（煤矿瓦斯）开发利用，有利于增加清洁能源供应，优化能源结构，提高能源利用效率。天然气管网管理体制改革，将为煤层气提供公平、高效的市场环境，提升产业竞争力[8]。

1.1.3 环境问题需求

甲烷（CH_4）是一种仅次于氟利昂的重要温室气体，对大气的臭氧层具有极大的破坏作用。研究表明，甲烷导致的温室效应异常严重，接近于二氧化碳的 20~30 倍，每年我国采煤造成大量的甲烷气体直接排放进大气中，这些甲烷气体可使地球表面余热通过大气层向宇宙空间散发的热阻增大，从而增强地球表面的温室效应，导致全球变暖[9]。

1997 年 12 月，世界上 149 个国家和地区的代表在日本东京召开《联合国气候变化框架公约》缔约方第三次会议，通过了旨在限制发达国家温室气体排放量以抑制全球变暖的《京都议定书》。《京都议定书》规定：2010 年所有发达国家排放的二氧化碳等 6 种温室气体的量比 1990 年减少 5.2%。《京都议定书》虽未规定发展中国家的减排义务，但随着近年来环境恶劣的日益严重，发展中国家应承担减排任务的呼声日益高涨。此外，由于甲烷的温室效应远超二氧化碳，减少甲烷的排放量，更是刻不容缓[10]。

2009 年 12 月 18 日，国务院总理温家宝在丹麦哥本哈根气候变化会议领导人会议上，发表了题为《凝聚共识 加强合作 推进应对气候变化历史进程》的重要讲话，承诺"到 2020 年单位国内生产总值二氧化碳排放比 2005 年下降 40%—50%"。2030 年左右我国二氧化碳排放将达到峰值，对控制温室气体排放提出了更高要求，再加上突出的"雾霾"问题，使燃煤问题已处于风口浪尖之上，对煤层气的开采变得刻不容缓。

我国煤层气资源丰富，开发利用这一优质洁净的新型能源，对于优化我国的能源结构、减少温室气体排放、减轻大气污染、从根本上解决煤矿安全问题以及实现我国国民经济的可持续发展均具有重大意义。

1.2 煤层气的生成

一般认为，成煤过程分为两个阶段，分别是泥炭化阶段和煤化阶段。前者主要是生物化学过程，后者是物理化学过程。在成煤物质发生物理化学变化的煤化过程中，不仅形成了煤，还生成了以甲烷为主的混合气体等副产品，主要表现为挥发分含量和含水量都相对减少，发热量和固定碳含量都相对增加。在泥炭向无烟煤演变的过程中，每吨煤伴随有大约 141.6m³ 的甲烷，所以，根据煤层气的成因类型，可以将其概括地划分为生物成因气和热成因气，进一步可以划分为原生（早期）生物成因气、热成因气和煤化作用期后产生的次生生物气三类，见图 1-1[11]。

1.2.1 原生（早期）生物成因气

原生生物成因气发生在煤化作用阶段的早期，是泥炭沼泽环境中的低变质煤由微生物分解有机质而生成的甲烷气体。在泥炭褐煤和亚烟煤阶段，埋藏深度一般小于 400m、温度通常低于 50℃、pH 相对较高、丰富的有机质、适当的空间以及缺氧环境和低硫浓度，数万年的埋藏时间，都是形成煤层气的充分必要条件[12]。

原生生物成因气的形成过程被认为符合厌氧发酵理论，即厌氧发酵的"四阶段"理论。第一个阶段，在水解发酵菌的作用下，复杂有机质（泥炭和煤）分解成低聚物和单分子；第二个阶段，在酸化细菌的作用下，低聚物和单分子分解成三种物质，即大部分的长链脂肪酸，少部分的甲酸或 H_2+CO_2、乙酸；第三个阶段，在产氢产乙酸菌的作用下，长链脂肪酸进一步分解成两种物质，即甲酸或 H_2+CO_2、乙酸；第四个阶段，在产甲烷菌的作用下，甲酸或 H_2+CO_2，和乙酸通过相互作用形成 CH_4 和 CO_2。

甲烷是还原环境中所形成的气体，但是在一定程度上，氧化环境也为其提供了物质基础，比如纤维素、蛋白质等有机物只有在酶的作用下才能形成单糖，其形成的单糖是甲烷形成所必需的物质基础。同时，在辅酶作用下，甲烷菌可活化二氧化碳和氢气，使之还原为甲烷。

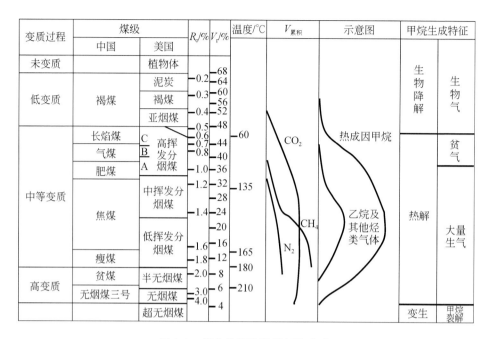

图 1-1　煤化作用阶段及气体生成

$V_{累积}$为煤化作用过程中的累积生成量

　　早期（原生）生物成因煤层甲烷气气量是煤层总生气量的十分之一左右，很难保存下来，所以早期生物成因气并不是研究煤层甲烷气体的主要对象。

1.2.2　热成因气

　　煤层深度的加深、温度的增大、压力的增加、煤化作用的增强，使煤变成了富碳和富氢的挥发性物质，其生成气体的类型和量由煤阶决定。

　　鉴于热成因煤层甲烷的形成机理与腐殖型干酪根生成"煤成气"的机理类似，前人对不同母质类型干酪根进行了热演化模拟实验。根据实验数据，可以得出混合型和腐泥型干酪根在演化过程中都具有三个明显阶段，即未成熟阶段只有少量烃出现，成熟阶段是以液态烃为主，过成熟阶段是以气态烃为主，而腐殖型干酪根当温度增加到一定量时才开始产气。所以，根据煤的变质程度，成气作用可以进一步划分为三个阶段。

　　第一个阶段，褐煤到长焰煤阶段，即低变质阶段。埋藏深度是 1.5~2km，温度是 75~90℃，生成的气体中，72%~92% 都是二氧化碳，烃类气体总量小于 20%，其中甲烷为主要烃类气体。该阶段气体大都无法良好地储存下来。第二个阶段，长焰煤到焦煤阶段，即中等变质阶段。埋藏深度最深是 6km，温度是 90~190℃，该阶段生成的气体中，烃类气体含量可占到 70%~80%，而甲烷位于烃类气体之首。第三个阶段，瘦煤到无烟煤阶段，即高变质阶段。与中等变质阶段以湿气为主不同的是，该阶段以干气为主[13]。

1.2.3　次生生物气

次生生物气形成于原生生物气、热成因气之后，是煤层形成之后，由于煤层抬升埋藏深度变浅，在微生物的作用下形成的以甲烷为主的气体。煤层埋藏深度变浅，同时与大气相通，使得生成的甲烷气体能够保存下来，所以次生生物气是煤层气研究中不可或缺的一部分资源。这类气体不受煤阶的限制，只需要地下水的活动创造一个适合于细菌活动的环境即可。

在山西李雅庄、安徽淮南和云南恩洪等地区发现了次生生物成因煤层气，其基本特征为：组分以甲烷为主，属于干气。目前，国际学术界对于次生生物气的研究主要限于较单一的气体地球化学示踪研究[14]。

1.3　煤层气的赋存与运移

煤层与常规油气层不同。煤层既是生气层，同时又是储集层，所以煤层具有一定的空间可以用来储存煤层气以及允许气体流动。由于煤层的这种特殊性，若要将煤层中的煤层气尽可能多地排采出来，需要对煤层气的储存、运移机理有个全面的了解。

1.3.1　煤层气的赋存机理

煤层自身形成的煤层气并不是都保存在煤层中，都会有不同程度上的散失。煤层对煤层气的保存能力主要取决于煤层盖层的封存能力：①超致密层作为上覆岩层，其排替压力大于煤层中流体剩余压力，且具有良好的毛细封闭能力，属于一种良好的盖层。此时气体主要以扩散的方式运移，运移速度相对较为缓慢。②上覆盖层的排替压力小于煤层中的剩余压力时，气体主要以渗流的方式运移，属于游离气体逸散。③渗透层作为上覆岩层时，其排替压力较小，扩散运移快，气体会逐渐向砂岩中运移，外加水动力的影响，煤层中的吸附气体也会被解吸出来运移到渗透层中。④生气能力强的烃源岩作为上覆岩层时，不仅会阻止煤层气的向上逸散，而且会向煤层中输入天然气。

因此，质量越好的盖层具有越强的封盖能力，其中所储存的煤层气则主要通过扩散方式运移，相应的逸散速度较慢；质量变差的盖层，逐渐会失去毛细封闭能力，其中所储存的煤层气主要以渗流方式运移，相应的逸散速度较快。

煤储层中的甲烷气体通常以三种形态储存[15-17]。第一种是吸附状态，被吸附于煤孔隙、裂隙内表面上的气体，即吸附态，其中 70% ~95% 是以吸附状态存在，吸附是指物质（主要是固体物质）表面吸住周围介质（液体或气体）中的分子或离子的现象。与常规天然气储层不同，煤层中的大多数气体是以吸附的状态储存在煤层中，其吸附方式主要分为物理吸附和化学吸附两大类。煤吸附甲烷气体的能力是因为煤结构中的不均匀分布和分子作用力的不同，其大小主要取决于煤结构、煤的有机组成和煤的变质程度。因为煤对瓦斯的吸附是一个连续的过程，环境条件对其的影响也特别重要。第二种是游离状态，在煤储层中，煤层气以自由气体的状态存在于煤的割理或者其他裂隙孔隙中，能够自由运动，其主要动力是地层水压力。当气体运移到裂隙网络中以游离状态存在后，可将其作为常规天然气进行研究。第三种是溶解状态，在压力的作用下，水对甲烷有一定的溶解能力，与其他气体相对比，甲烷在水中的溶解度相对较低，其溶解度可以利用亨利定律表示。该定律表明，温度越高溶解度越小，水的矿化度越低，煤层气的溶解度越低。

1.3.2　煤层气的运移机理

煤层气的运移机理包含三大过程，即解吸过程、扩散过程和渗流过程。开采之前，煤基岩的孔隙中充满地层水。在开采的过程中，最先开采出来的也是地层水，随着地层水的采出，地层压力随之降低，原先吸附在煤内表面上的甲烷气体发生解吸作用形成游离气体，被释放出来的游离气体在煤层内空间扩散，通过裂缝或割理的运移到达井筒，从而被地面所开采[18]。

其中煤层气的解吸过程是指由于地层压力的降低，煤层中的吸附气体变成溶解气或者游离气的过程。然而事实并非如此，即吸附在煤内表面上的气体并不会仅仅因为压力的降低便发生解吸作用形成游离气体，还存在有煤储层含气饱和度的影响。在煤储层的含气量较少，没有达到饱和程度的前提下，储层压力即使发生降低，煤储层的甲烷吸附气体也不会发生解吸作用，直到压力降到等同或者低于临界解吸压力，由此可以依据储层压力和临界解吸压力的比值来确定吸附甲烷气体发生解吸作用的难易程度。

相较于油气储层，煤储层的渗透率都很低，相对应的孔隙孔径也很小，导致煤层中游离甲烷的主要运移方式是扩散。在扩散过程中，甲烷的主要驱动力是浓度梯度，即气体分子是由密度高的地方向密度低的地方运动。

在煤层中，甲烷扩散方式可以进一步划分为遵循 Fick（菲克）第一定律的拟稳态扩散和遵循 Fick 第二定律的非稳态扩散。在拟稳态扩散中，甲烷的扩散过程可以看作是一个按平均浓度过渡的过程，而非稳态扩散中，认为甲烷浓度是一个中心浓度不变，但整体是由中心向边缘变化的一个过渡过程，能够非常客观地表示出煤储层中甲烷的扩散过程。非稳态扩散中的边缘浓度会随着现场开采过程中的煤储层压力而发生变化，即由煤储层压力所控制的等温吸附浓度。

煤层中所吸附的甲烷气体在通过解吸作用、扩散作用之后，则会进入到渗流作用，通过煤储层中的裂隙发生渗流流动，同时煤储层中所存在的自由甲烷气体能够加速吸附甲烷气体的解吸。甲烷气体的这种流动沿着高压区向低压区流动，属于层流，符合达西定律。

1.4　煤层气开采现状

煤层气在煤矿工业成立之初就已经被人们知道了，但直到 1989 年才被视为重要的气体资源而进行开发利用[19]。我国煤层气资源勘探开发起步较晚，近几年随着能源与环境问题的日益突出，已开始重视对这一清洁能源的开发利用，并加大了投资力度。作为一个拥有丰富煤层气资源的国家，我国在煤层气开发利用上相对滞后，借鉴国外成功经验显得十分必要。同时，必须结合我国的具体情况，选择一条适合我国煤层气产业发展的道路。

1.4.1 国外煤层气开采现状

全球的煤层气总资源量大约达 $260 \times 10^{12} m^3$。国际能源署（IEA）的统计资料显示，全球 90% 的煤层气资源量分布在 12 个主要产煤国，包括俄罗斯、乌克兰、加拿大、中国、澳大利亚、美国、德国、波兰、英国、哈萨克斯坦、印度和南非。这些国家中在煤层气开发利用上已经取得较好成效的主要有美国、加拿大等[20]。

美国煤层气总资源量为 $21 \times 10^{12} m^3$，是世界上煤层气商业化开发最成功的国家也是煤层气产量最高的国家。全美含煤盆地有 17 个，已有 13 个进行了资源评价。按照地质理论，这 13 个盆地可分为东部大盆地和西部大盆地两类，西部大盆地拥有美国煤层气资源的 70% 以上。东部大盆地的煤层气主要分布在上石炭统宾夕法尼亚系的多层薄煤层中，煤层稳定，埋藏较浅，以高挥发分烟煤为主，煤层呈常压或低压状态，煤层气含量和煤层渗透率均较高，以黑劳士盆地为代表；西部大盆地的煤层气主要分布在白垩系—古近系煤层中，煤层厚度较大，但变化大，煤阶较低，埋深几百米至三千米以上，煤层气含量较高，煤层渗透率高，煤层压力从低压到超压，以圣胡安盆地为代表。

经过 10 年的探索，美国于 20 世纪 80 年代对这一具有商业开采价值的非常规天然气进行大规模的投资，美国天然气研究院（GRI）开始了煤层气技术攻关，煤矿也开始将抽出的优质煤层气注入天然气管道系统中，对其研究内容转变为煤层气的源岩、成因、分布、生产能力、采收率等方面，开发方式也从最初的钻孔释放煤层气转变为钻产气井，引发了对"排水—降压—解吸—扩散—渗流"这一煤层气产出机制的突破[21]。

1985 年，美国所开采煤层气的总量约为 $2.83 \times 10^8 m^3$；1990 年，美国所开采煤层气的总量约为 $56.5 \times 10^8 m^3$；1996 年，美国所开采煤层气的总量约为 $283 \times 10^8 m^3$；1998 年，美国所开采煤层气的总量约为 $339.8 \times 10^8 m^3$；2000 年，美国所开采煤层气的总量约为 $390.5 \times 10^8 m^3$，占美国当年天然气产量的 9.2%；2008 年，美国所开采煤层气的总量约为 $556.7 \times 10^8 m^3$，占美国当年天然气产量的 9.6%；2012 年，美国所开采煤层气的总量为 $996.8 \times 10^8 m^3$，已占到美国当年天然气产量的 10.6%[22]。

美国煤层气能够迅速发展，主要得益于政府在煤层气产业发展初期的宏观调控政策，特别是对煤层气卓有成效的财政支持和政策激励，如 1980 年颁布的《能源意外获利法》中的第 29 条非常规能源开发税收补贴政策，这一政策的优惠期长达 22 年。此外，美国政府制订经济扶持政策，增强产业市场竞争力，从政策、资金和方法方面起宏观导向作用，大力扶持煤层气产业，使开发利用煤层气成为投资者有利可图的自觉行为，最终达到市场引导能源发展的目的。

世界上煤层气资源量位居第二位的国家是加拿大，其煤层气的勘探开发利用起步相对较晚，21 世纪初期才开始起步[23]。在 2001 年以前，加拿大全国的煤层气产量为零，但有70 口煤层气井；在 2001 年，煤层气单井的产量突破了零，煤层气井数也增加至 100 口；在 2002 年，第一个商业性的煤层气项目启动，煤层气的勘探开发进入一个快速发展的时期；在 2003 年，煤层气生产井的井数增加 1000 口左右，其平均单井日产量达到 $2830m^3$。

加拿大的煤层气资源主要集中在西部的沉积盆地，其代表是艾伯塔省。2004 年，艾伯塔省的煤层气探明可采储量约为 $74.6×10^8 m^3$，煤层气产量为 $6×10^8 m^3$；2005 年底，其探明可采储量约为 $209.7×10^8 m^3$，煤层气产量为 $29.1×10^8 m^3$；2006 年底，其探明可采储量约为 $247×10^8 m^3$，煤层气产量为 $47×10^8 m^3$；2007 年底，其探明可采储量约为 $243×10^8 m^3$，煤层气产量为 $68×10^8 m^3$；2010 年，煤层气产量达到 $74×10^8 m^3$。

澳大利亚作为世界第四大煤炭生产国和世界上最大的煤炭输出国，对煤层气的开发也已经属于澳大利亚生产天然气中不可或缺的一部分。20 世纪 80 年代，澳大利亚就尝试过煤层气的开发，美国的康菲公司参与澳昆士兰州的煤层气开发试点，但是因为在煤层气钻井技术方面，澳大利亚与美国不同，康菲公司只好"无功而返"，使得澳大利亚的煤层气未能开始较大规模的商业化开发。20 世纪 90 年代后半期，澳大利亚才真正开始商业化生产煤层气，1998 年其煤层气产量仅为 $0.156×10^8 m^3$，2004 年达到 $13.156×10^8 m^3$，如今，澳大利亚的煤层气年产量已达到 $27×10^8 m^3$。纵观澳大利亚煤层气产业的发展过程，其迅速发展的重要原因是技术的进步，主要将煤矿井下抽采技术应用到地面水平筛管开发系统中。澳大利亚的煤层气资源主要分布在新南威尔士州和昆士兰州的黑煤地区，靠近悉尼和布里斯班的煤层气市场[24]。

俄罗斯煤层气资源量占世界第一位，为 $17×10^{12} \sim 113×10^{12} m^3$。俄煤田正尝试对煤层气进行回收利用以减小由甲烷引起的温室效应[25]。俄专家认为利用煤层气发电有广阔前景，所产生的电能可用于煤矿生产或向外供应。除了发电，从煤矿抽出的煤层气在去掉煤颗粒和水分并提高浓度之后，还可用于工业生产或居民采暖，也可用作汽车燃料。俄专家认为，对煤层气的利用有助于开拓新的煤业发展方向，增加就业岗位并提高煤业经济潜力。由于煤层气燃烧比煤燃烧产生的二氧化碳少，用其部分替代煤炭进行采暖和发电，不会产生太大的温室效应。因此，煤层气的利用除了能够改善地区生态环境外，还可减缓全球气候变暖的趋势。据媒体报道在俄已加入《京都议定书》的条件下，俄各煤矿今后将会更加重视使用煤层气的回收技术，以控制本国温室气体的排放。

1.4.2　国内煤层气开采现状

我国将煤层气作为一种能源资源进行勘探开发试验，起步较晚，直到 1985 年后才开始为人们所重视。80 年代末至 90 年代初，地质矿产部华北石油地质局选择了安徽淮南、河南安阳和山西柳林三个地区专项建立煤层气开发试验区，试验九口井，效果最好的是柳林一井，日初产 $680 m^3$，然后下降至不足 $100 m^3$。其余均低于 $100 m^3$ 而停止。

中国石油天然气总公司从 1993 年开始，先后在山西沁水盆地、辽河油田、湖南冷水江、江西丰城进行了煤层气钻井开发，但结果都不容乐观[26]。我国高煤阶煤炭资源量巨大，占中国煤层气总资源量的 30%，由于美国煤层气勘探成功的含煤盆地的煤阶都为中低煤阶，国内学者普遍认为高煤阶煤层由于其演化程度较高，割理不发育，煤层的渗透率极低，从而低估了勘探前景。

我国华南和华北地区广泛分布高煤阶煤层，煤层气资源丰富。在成煤后期多个方向和期次的构造运动改造下，部分高煤阶煤层的渗透性有可能得到改善。通过地质研究，可以在高煤阶地区找到高产富集区。在这种思路指导下，我国沁水含煤盆地南部无烟煤地区发现了大型高煤阶煤层气田——沁水煤层气田，已探明煤层气地质储量 $754×10^8 m^3$。截至 2014 年底，我国已建成煤层气开发项目 10 个，产能 $57×10^8 m^3$。已建成包括潘庄、潘河、樊庄-郑庄、寺河-成庄、柿庄南、韩城南、保德、阜新、延川南、筠连在内的多个煤层气田，这些煤层气田整体生产情况良好（表 1-1）。

表 1-1 我国主要煤层气田生产情况（资料截止到 2015 年 8 月）[27]

项目	投产井口	年产量/$10^8 m^3$	平均单井日产量/m^3	已建产能/$10^8 m^3$
沁南潘庄	49	4.3	26500	5.0
沁南潘河	226	2.6	3200	2.6
沁南樊庄-郑庄	2680	7.9	1270～3300	17.5
沁南寺河-成庄	5000	14.3	1200	—
沁南柿庄南	987	2.3	—	9.0
陕西韩城南	833	1.6	—	2.5
山西保德	916	3.6	2200	7.7
辽宁阜新	41	0.3	2500	—
陕西延川南	928	1.0	—	5.0
四川筠连	275	0.5	—	—

事实上，我国中低阶煤保有储量和资源量约 $3.1×10^{12} t$，占全国煤炭保有储量及资源量的 55.1%，而低阶煤层气的资源量为 $16×10^{12} m^3$，占全国煤层气资源量的 47% 以上。由此可见，无论是中高煤阶还是低煤阶煤区，都有潜在的具一定工业价值的煤层气资源量。

1.5 煤层气开采技术

两井连通技术、井眼轨迹控制技术、分支井眼侧钻技术、储层保护、井壁稳定控制技术、充气钻井液欠平衡工艺及地质导向技术等的发展，极大地促进了煤层气的有效开发。

1.5.1 煤、气一体化技术

煤、气一体化开采模式，即煤层气的开采和煤矿的开采相结合的技术，已经成为煤矿区开采煤层气的新发展模式[28]。该技术适合于地表条件不好导致水平和垂直钻井工作无法进行，以及煤层发育较为复杂的矿区。煤层开采后对于煤层气的渗流影响是非常大的，在煤层群的开采中，由于开采层的采动影响，其上部及下部的煤岩层中应力场得到释放，原岩应力平衡遭到破坏，引起煤岩层膨胀变形，原来在高应力下封闭的裂隙系统重新开启，在采空区四周形成一个连通的采动裂隙发育区，即应力场释放区，从而使得对应力尤为敏感的邻近煤储层的渗透率得到大幅度地提高，使这些邻近储层中的煤层气大量地向应力场释放区域运移。

　　一般情况下，附近冒落区的邻近煤储层有些直接向应力场释放区域放散煤层气，有些则通过裂隙系统来放散煤层气。通常情况下，上部卸压变形区域排放煤层气的范围，随时间和空间不断发展，并达到一定程度后才停止。而下部邻近煤储层由于上部卸压，也能通过裂隙向应力场释放区域排放大量煤层气，但其放散煤层气量主要取决于岩石的性质和裂隙的发育程度。如果邻近煤储层本身渗透性较好，在应力场释放区域以外的邻近储层也可以通过煤储层本身向应力场释放区域供给煤层气。实际上采动影响区的煤层气流动是相当复杂的，但不管怎样，采动影响范围内的煤储层渗透率得到增大，邻近煤储层中的煤层气向应力场释放区域内运移是肯定的，在这个区域内抽放煤层气是非常有利的。

　　煤、气一体化开采的前提是煤层群开采，开采煤层的顺序是自下而上依次开采。主要构想是：在准备开采煤层的采区范围内，布置地面垂直钻井（均为永久性的抽放井），有些井有目的地打入开采层。开采前期，用常规打地面井的方法预采邻近煤储层和开采层的煤层气；中期，随着开采层的煤层采动，抽放在采动影响下邻近煤储层及开采层卸压而释放的大量煤层气；后期，在煤层采出后，抽放采空区的煤层气。依次开采上部煤层时，煤层气的抽放重复上述过程。由于在整个采气过程中伴随着煤层的开采，所以称之为煤、气一体化开采。这种开采方法的最大特点是：除第一次预采外，中期、后期开采时，煤层始终处于卸压影响之中，将大幅度地提高煤层气的采收率。

　　煤、气一体化开采可分为三个阶段，第一个阶段为先期预抽原地煤储层中的煤层气，第二个阶段为中期抽放采动影响区的煤层气，第三个阶段为后期抽放采空区的煤层气。这是一个过程的三个阶段，不可分割，需连续重复进行。各阶段的主要特点如下：

　　（1）煤层气预抽。在井下工作面准备回采的区域中，地面布置数口垂直钻井，井网的形式仍可采用矩形布置方式，考虑到以后的开采，井距可以适当加大，采用现有的地面钻井、完井技术及适当的强化增产措施，进行煤层气的预抽。其中有些井打在不同的邻近层中，而另外一些井则直接打到准备回采的煤层中，为了增加预采的力度和范围，在开采层中可以沿煤层布置巷道或打水平钻孔和地面井贯通，采用巷道密闭法由地面井抽放工作面的煤层气。这一过程中邻近层及开采层的煤层气得到了不同程度的预抽，但采收率不高，尤其是低渗透率的煤层更是如此。但这为煤层的开采创造了必要的安全条件。

　　（2）采动期抽放煤层气。预抽一定时间后，进行井下工作面煤层的回采。由于煤被采出，采场附近的岩层位移，在一定区域内，不仅开采层卸压，而且开采层上下的煤岩层均卸压，特别是上覆的远距离弯曲下沉带采动区的煤层卸压，使得煤岩层膨胀，渗透率大大提高，从而达到提高煤层气抽采率的目的。这一过程使开采层和邻近层卸压释放的煤层气得到大量的开采。1994 年淮北桃园矿 108 工作面曾施工过一口抽取采动区煤层气井，效果较好。

　　（3）抽放采空区的煤层气。煤层被采过以后，对地面的有些井进行二次完井，使地面井与采空区裂隙带沟通，抽放裂隙带积存的煤层和开采层遗煤所释放的煤层气，同时可抽放岩层内的煤层气。1996 年淮北芦岭矿 2812 工作面施工的一口抽取 8 煤层一分层采后采空区的煤层气试验井，效果明显。

　　以上三个阶段可称为一个循环，随着上部煤层的依次开采，煤层气的开采重复上述循环不间断地连续进行，抽放率也将得到不断的提高。因此，对于低渗透率的煤层，用常规方法煤层气难以开发，煤、气一体化开采是个值得尝试的可行的办法。

2003 年，晋城煤业以寺河矿和成庄矿作为实验矿区实施了煤、气一体化开采技术[29]。在开采的过程中，一方面，先采气后采煤的顺序安排充分降低了煤矿中的瓦斯含量，进一步确保了煤矿开采的安全性，减小了煤矿事故发生的可能性；另一方面，在分布复杂的煤储层中，煤矿开采工作的开展，会使其开采部位的上、下煤层的应力平衡遭到破坏，使得煤岩层发生膨胀产生变形，原本在高地应力下处于封闭状态的裂缝会重新形成裂缝，最终导致煤储层的渗透度较为明显地增大，为煤层气的运移形成了连通性大幅度提高的通道，从而更利于煤层气的开采。采煤层气、采煤矿这两项工作的同时进行，而且同时保证各自工作的安全性、效率性，是煤、气一体化最显著的特点。

在技术实施方面，该技术所需要的工艺简单，不需要复杂的压裂设备就可以实施工作，但是在其实施过程中，需要做到统筹规划，一方面需要保证煤矿开采的安全，另一方面又要考虑到煤层气开采的经济效益，具有相当大的约束性。

1.5.2　压裂增产技术

水力压裂在石油工程领域已经是一项成熟的技术，该方法同样可以用到煤层气的生产过程中，通过对煤层进行水力压裂，可产生有较高导流能力的通道，有效地连通井筒和储层，以促进排水降压，提高产气速度，这对低渗透煤层中开采煤层气尤为重要，可消除钻井过程中泥浆液对煤层的伤害，这种地层伤害可急剧降低储层内部的压降速度，使排水过程变得缓慢，影响煤层气的开采。目前，水力压裂改造措施是国内外煤层气井增产的主要手段[30]。

在美国 14000 余口煤层气井中，有 90% 以上的煤层是通过水力压裂改造的，经压裂后的煤层，其内部可出现众多延伸很远的裂缝，使得在井中抽气时井孔周围出现大面积的压力下降，煤层受降压影响产生气体解吸的表面积增大，保证了煤层气能迅速并相对持久地泄放，其产量较压裂前增加 5～20 倍，增产效果非常显著。水力压裂改造技术在我国也得到了很好的应用，目前几乎所有产气量在 $1000 \mathrm{m}^3/\mathrm{d}$ 以上的煤层气井都经过压裂改造。

压裂增产技术发展比较早，有比较成熟的现场施工经验，而且技术成本较低，但这种技术在煤层气生产实践中也存在一些问题：①由于煤层具有很强的吸附能力，吸附压裂液后会引起煤层孔隙的堵塞和基质的膨胀，从而导致割理的孔隙度和渗透率下降，且这种降低是不可逆的。因此，目前国内外在压裂改造技术中，开始使用大量清水来代替交联压裂液，以预防其伤害，但其造缝效果受到一定的影响。②由于煤岩易破碎，因此，在压裂施工中，由于压裂液的水力冲蚀作用及与煤岩表面的剪切与磨损作用，煤岩破碎产生大量的煤粉及大小不一的煤屑，不易分散于水或水基溶液，从而极易聚集起来阻塞压裂裂缝的前缘，改变裂缝的方向，在裂缝前缘形成一个阻力屏障。由以上分析可知，水力压裂技术适用于煤层比较坚硬的情况。如要用于较软的储层，必须对压裂液进行特殊处理。由此看来，新型压裂材料的研究是压裂技术的关键，是今后发展压裂改造技术的一个重要方面[31,32]。

1.5.3 注气增产技术

煤对煤层气的吸附作用属于物理吸附，吸附气和游离气在煤层中处于一种动态平衡的状态，是一个可逆的过程[33]。研究发现，注水开采煤层气效果并不明显。因此，必须探究新的方法以达到煤层气增产的目的。美国和加拿大等国分别进行了注气开采煤层气的研究，并都取得了成功。如今，煤层气注气开采技术已经取得很大进展，成为开采煤层气方式的首选。目前学者普遍认为煤岩注气提高采收率的三个主要机理如下[34-36]。

第一个机理是置换作用。煤层气的主要成分为 CH_4，其大部分都吸附于煤层中。其一，注入吸附能力大于甲烷的气体时，新注入的气体会与甲烷相互竞争，由于其吸附能力更大，将会吸附于煤体中而促使甲烷从煤体重解吸，从而使裂缝中游离的甲烷增多；其二，煤体表面张力一定，直径较小的气体被注入时，可以侵入煤体较小的孔隙，降低煤体孔隙附近的表面张力，减小其对外部气体分子的吸附能力，从而引起孔隙外部甲烷气体的解吸。当煤层中煤层气的吸附与解吸处于动态平衡时，注入新的气体打破原有的平衡，使游离气煤层气增多，并不断流动，由井筒采出。

第二个机理是分压作用。压力变化会影响煤层气的吸附与解吸。当向煤层中注入新的气体，可减小煤层内 CH_4 气体的分压，促使煤层气的解吸，使煤层气由吸附态向游离态转变，即从煤体孔隙中转移到裂缝中。

第三个机理是驱替作用。外界气体的注入会使煤层内能量大幅度增加，可增大压力梯度，使裂缝中大量游离气的扩散速率得以保持甚至变大，即驱动煤层气不断向采气井流动，从而达到增产的目的。目前，主要是向煤岩中注入 CO_2 和 N_2 及二者不同比例的混合气以提高煤层气的采收率，大量的室内实验和矿场生产实际表明，煤岩对 CO_2、CH_4、N_2 的吸附能力的强弱关系为：$CO_2 > CH_4 > N_2$。但在实际应用中应根据实际情况选择注入气体，比如储层的性质、是否存在气源、经济效益、环境保护等方面考虑，以期达到较高的采收率和经济效益。

注气驱替增产方法最先由美国 Amoco 公司将其应用到低渗透煤层气田的开发中，其原理是向煤层中注入其他气体来加快甲烷在煤中的解吸，包括单组分气体 N_2、CO_2，混合气体空气、烟道气等，所依据的原理是在煤层中不同气体的吸附解吸能力不同。

注入氮气是因为氮气能够确保煤层系统总存储压力在整个开采过程中保持不变，甚至有所增加，这将保证较大压差的存在，甲烷能够充分解吸并流入割理中。通过注氮气，近90% 的甲烷能够从基质中解吸而被开采。首次 N_2-ECBM 的现场测试由美国 BP-Amoco 公司在 1993 年完成[37]。现场试验采用 5 点式的注入方案且安置开采井在中心处。试验位于美国 San Juan 盆地的东北部，每天注入 $5.66 \times 10^6 \sim 7.08 \times 10^6 \, m^3$ 的 N_2。注气一个月后，开采量上升到 $39.64 \times 10^6 \, m^3/d$，并且维持了将近一年。

1.5.4 酸化增产技术

在天然煤层中含有少量的硅酸盐和碳酸盐类的物质，特别在煤层的裂隙中往往夹有碳酸盐类的物质。酸化处理煤层的方法就是将含有氟氢酸和盐酸成分的水，通过钻孔注入煤层，使其溶解煤层中的硅酸盐和碳酸盐类的物质，以增大煤体的孔隙，提高煤层的渗透率。煤层气酸化压裂改造可以有效地将井孔与煤层天然裂缝连接起来，使排水采气的过程可以更加合理地分配井孔周围的压降，大大增加产能，提高采收率。总之，煤层气酸化压裂技术是一种重要的强化增产措施，在煤层气开采过程中具有重要价值[38-40]。

　　然而，由于我国煤层的复杂性以及起步较晚，关于煤层气开采过程中使用酸化技术的报道相对少一些。目前，我国在煤层气酸化压裂技术方面已经积累了一定的经验，在油田现场，也形成了一套较为成熟的施工体系，部分区块取得了非常不错的应用效果。

　　自我国煤层气酸化压裂技术成功进行世界第一口井压裂试验以来，经过了 60 多年的发展，酸化压裂技术从材料、工艺到压裂设备都得到了快速的发展，已经成为提高煤层气井产量以及改善油气田开发的重要手段。酸化压裂技术从开始进行单井小型压裂发展到目前的体积压裂，在过去的几十年里，煤层气酸化压裂技术经历了以下几个阶段：①单井小型压裂阶段。煤层气压裂施工规模比较小，压裂以解除单井周围的污染为主，在一些油气田中取得了较好的效果。②中型酸化压裂阶段。该阶段通过引进压裂车组，煤层气酸化压裂的规模得到了提高，同时提高了低渗透油层的导流能力，推动了油田的开发。③整体酸化压裂阶段。煤层气酸化压裂技术主要以油气藏的整体为单元，在低渗透油气藏形成了整体压裂技术，其压裂液与支撑剂也得到了较为合理和规范的应用，大大提高了储层的导流能力。④勘探阶段。考虑到煤层气井排与裂缝长度的关系，从油气藏的系统出发，进一步提高了油气藏区域整体改造的体积，并且在我国大多数的油田被推广应用。

　　经过上述四个阶段的发展，我国煤层气酸化压裂技术不断完善。酸化压裂技术在油气藏开发过程中占据着重要地位。对于煤层气井，为了方便分层酸化压裂的改造，采用了套管射孔的完井方式，并且运用深度穿透射孔弹，大大提高了射孔的完善程度，从而减小了酸化压裂施工的摩阻。

1.5.5　生物酶增产技术

　　通过生物酶作用将注入的 N_2 转化成 NH_3，利用 NH_3 较强的吸附能力将甲烷置换出来，既促进甲烷高效快速解吸，又提高了煤层驱动能量和渗透率，还解决了注 N_2、CO_2 开采煤层气产出气需要回收处理的问题，是一条开发致密煤层气的新途径[41]。

　　生物酶提高煤层气采收率的机理主要是：①降低甲烷分压，诱发甲烷解吸；②通过竞争吸附，置换解吸甲烷；③维持或增加孔隙压力，诱发微裂隙形成和天然裂缝延伸；④补充能量，保持或提高煤层渗透率，消除应力敏感损害。该方法的理论依据是煤的选择性吸附和气体的热力学性质。

　　氮气作为注入气体具有来源广泛、获取方便的优势，固氮酶由催化剂和还原剂两种蛋白质组成，不需要苛刻的 pH 和温度条件就可以加速化学反应的进行。式（1-1）可以很好地描述酶反应的动力学特征：

$$E+S \longrightarrow ES \longrightarrow P+E \tag{1-1}$$

式中，E 为酶；S 为载酶介质；ES 为酶与载酶介质的混合物；P 为产物。通过固氮酶的

作用将注入的 N_2 转化为 NH_3，1mol 的氮气可以生成 2mol 的氨，提高了系统的经济性。式（1-2）表明氮气到氨的转化过程：

$$N_2+8H^++8e \longrightarrow 2NH_3+H_2 \tag{1-2}$$

由于氨具有比 N_2、CO_2 和 CH_4 更强的吸附能力，在煤表面竞争吸附将甲烷置换出来。同时，1mol 的氨可以置换出 1mol 的甲烷，氨吸附在煤表面后不会像吸附 CO_2 那样引起煤基质的膨胀。氨在煤层割理中以水中溶解和煤表面吸附两种方式存在。在储层条件下，氨的溶解量非常少，超过 70% 的氨会吸附在煤表面。

与现有煤层气开采技术相比，生物酶提高煤层气采收率技术具有如下一些特点：①氨与 N_2、CO_2、CH_4 相比具有更强的选择吸附性能，可以用来从煤中置换甲烷；②通常条件下，应用固氮酶来完成氮到氨的转化，通常只需要几秒钟至几分钟的时间，不需要培育期；③由于不可移动酶的寿命较长，能够长时间地发挥作用；④无害、无毒、生态作用机理，有利于环境保护；⑤氨具有很强的吸附性，能够被煤吸附，所以与注氮气相比就不再需要地面气体分离装置。

1.6　中国煤层气开采面临的挑战及发展趋势

1.6.1　中国煤层气面临的挑战

中国煤层气发展面临的挑战包括以下几点[42,43]：

（1）对煤层气产业的投资严重不足，近年来，对煤层气资源勘探开发投入的资金严重不足。目前，煤层气探明储量仅占总资源量的 3‰ 左右，国家每年只有 2000 万 ~ 3000 万元的煤层气地质勘探费和资源补偿费，难以促进产业的快速形成与发展。而美国为了煤层气产业的发展，在 1983 年至 1995 年投入的勘探费用曾多达 60 多亿美元。

（2）对煤层气产业的经济扶持政策力度不够，美国的煤层气产业之所以成功，关键在于美国政府于 1980 年颁布的《原油意外获利法》第 29 条税收补贴政策，使煤层气具有比常规天然气更优惠的政策。我国现行的煤层气开发利用政策与法规，只是比照常规天然气，没有出台更优惠的激励政策，因而没有为煤层气产业搭建可与常规天然气竞争的平台，极大地影响了中外企业开发煤层气的积极性，亟待落实和细化国务院办公厅 47 号文件。

（3）煤层气开发与煤炭开采间的矛盾突出，近几年，由于我国煤炭供需形势发生巨大变化，煤炭价格一路飙升，从而造成国内众多煤矿企业纷纷扩大勘探区域，千方百计地改扩建现有矿井和新建矿井，追求短期利益，不仅不重视采煤之前的煤层气开采，而且还对煤层气企业的勘探开采设置重重障碍，煤层气开发与煤炭开采间的矛盾日趋严重，而煤炭企业又处于强势地位，我国煤层气产业的发展仍步履维艰。

（4）煤层气输送管网基础设施薄弱，煤层气与天然气可以混输混用，两者拥有共同的市场用户。与发达国家相比，我国煤层气开发潜力较大的地区缺乏可利用的天然气管线，这就使煤层气生产区与市场脱节，市场需求不能对煤层气的开发起到强有力的推动作用，造成煤层气开发的成本大大增加，加大了煤层气项目的风险。

（5）社会在煤层气的观念上存在诸多误区，随着 2005 年中国煤层气勘探开发力度的加大以及中联煤层气有限责任公司示范工程项目的成功实施，中国煤层气勘探开发又掀起了新一轮的热潮，引起了国内外企业的广泛关注和积极参与。然而在对待煤层气的发展上却出现了诸多误区：①中国的煤层气开发技术已经完全成熟，只要有钱，投资煤层气就一定能赚钱，这种过于乐观的思想已误导不少企业盲目投资；②中国煤层气仅在个别地区有商业前景，不具备产业化发展的条件和前途，而且煤层气开发的价值远低于煤炭开采的价值，煤层气不应作为独立的资源开采，即使进行煤层气开发，也应该以煤炭企业为主体，这种过于悲观和陈旧的观点正限制着中国煤层气产业的发展；③煤层气资源对外合作不应实行专营权，这种观点一方面严重违背现行的法律和对外合作已取得的丰硕成果，另一方面将对中国煤层气对外合作的健康发展和国家利益的保护产生非常有害的影响。

1.6.2 中国煤层气的发展趋势

"十二五"以来煤矿区煤层气井技术装备的快速发展和不同浓度范围煤层气利用技术装备性能的提高为我国煤层气产业的发展奠定了坚实的基础。但是，煤与煤层气耦合伴生，煤矿区煤层气开发与煤炭资源的开采紧密相关，煤与煤层气的协调开发逐渐成为煤矿区煤层气技术发展的必然选择。目前，煤炭生产集中度日益提高，我国 80% 以上的煤炭产能集中在了晋陕蒙新的大型矿井，千万吨级矿井将成为煤炭供应的主体，这对煤层气井上下开发的区域化、高效化提出了更高的要求；东部区域煤炭开采深度日益提高，深部开采中面临的高地应力、高煤层气压力、高地温等现象日益明显，井下煤层气开发的难度和面临的风险日益提高；南及西南部区域的小煤矿逐渐淘汰，未来关停范围将进一步扩大，废弃矿井数量急剧增加，废弃矿井赋存了巨量的优质煤层气资源，其高效开发利用已经成为煤矿区煤层气开发利用的重要一环；另外，煤矿区煤层气开发分布范围广泛，产气点分散、产气量变化大成为其核心特点，如何使得煤层气利用技术装备适应这一需求，成为亟待研究的方向。

因此，在未来 10～15 年，我国煤矿区煤层气开发面临的主要问题是煤炭生产方式变革条件下的煤层气高效开发和利用问题，应重点从以下 6 个方面进行技术突破[44-46]：

（1）待建矿井碎软突出煤层煤层气地面区域化高效排采；

（2）煤矿采动区煤层气分区联动地面井连续抽采；

（3）废弃（关闭）矿井煤层气"甜点"资源区评判及高效抽采；

（4）井下长钻孔分段高效压裂增渗；

（5）井下钻孔机器人自适应钻进及封孔抽采；

（6）低浓度煤层气资源化高效利用。

同时，经济性是煤层气开发利用的重要指标，我国煤层气赋存条件复杂多样，导致煤层气常规排采效果长期维持在单井 $1000\text{m}^3/\text{d}$ 左右，这与煤层气发展的需求是不相适应的，而我国煤炭基础能源的地位又决定了煤炭开采在国家能源供给中的决定性作用。因此，将煤层气开发与煤炭开发相结合，将煤层气抽采的资源属性和煤炭开采的安全属性充分结合，进行煤矿区煤层气与煤炭协调开发，既降低了煤层气开发的单井成本，又实现了煤矿安全生产的保障，这将是我国未来煤矿区煤层气开发的主体方向和煤层气+煤炭联合规划布局的根本需求。

1.7 本 章 小 结

本章对煤层气开采的意义、煤层气的成因、煤层气的赋存与运移、煤层气开采现状、煤层气开采技术以及煤层气开采面临的挑战及发展趋势进行了总结和评价。认为中国的煤层气开发已经进入产业化快车道，勘探结果表明我国煤层气开发潜力巨大、前景良好，但是采收程度低，需要开展相关研究。

第2章　煤岩微观孔隙结构

　　煤岩的微观孔隙结构一方面影响煤层的渗流特性，另外一方面煤岩的吸附解吸特性很大程度上受煤岩微观孔隙结构影响。通过扫描电镜技术、核磁共振技术和压汞法分别研究大佛寺煤岩的微观孔隙结构，为研究煤岩的渗流特性和吸附解吸规律奠定基础。

2.1　煤岩样品采集区域概况

2.1.1　采集区地理位置

　　煤岩样品取自大佛寺煤田4号煤层。大佛寺煤田位于陕西省咸阳市彬州市西部，距离州市区约10km。煤田面积71.48km²，长约14km，最宽处约6.5km（图2-1）。大佛寺煤田

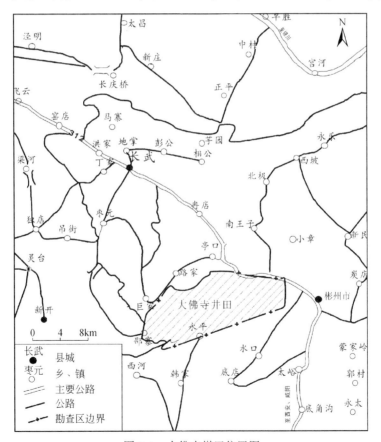

图2-1　大佛寺煤田位置图

隶属彬长矿区管辖，处于水帘洞煤田和下沟煤田西边，蒋家河煤田北边，杨家坪煤田东边，亭南煤田和小庄煤田南边。

煤田内煤层厚度不等，从 3.56m 到 19.58m，平均煤层厚度约为 14.4m。东北方位的煤层最厚，平均厚度达到 18m，西南方位的煤层厚度次之，平均厚度约为 11.6m。实验取样地点以及现场试验用井均选自煤田西南方煤层。

大佛寺煤田已完成几十口生产井，包括直井、L 型井和水平井等。4 号煤层作为大佛寺煤田的主采煤层，具体位置处于延安组下部，钻孔揭露点 111 个，见煤点有 110 个，截至 2014 年，可采点达到 105 个，可采性指数超过 0.95。该煤层内含煤面积约为 88.20km^2，其中可采面积为 81.67km^2，占到了所有含煤面积的 92.6%。

4 号煤层厚度不等，从 0m 到 19.23m 分布于煤层中，平均厚度约为 11.65m，厚度变化较大，但绝大地区的煤层厚度比较稳定。煤层主要集中在煤田的东部地区，含煤面积约为 60.05km^2，其中可采面积约为 53.56km^2，占到该地区内含煤面积的 89.19%，可采指数高达 0.98。东部煤层的煤层厚度从 0.47m 到 18.86m 不等，平均厚度约为 11.83m，变异系数 30%，属于稳定特厚煤层。煤田的西部地区含煤面积约为 28.15km^2，仅次于东部地区，其中可采面积约为 28.11km^2，占到该区域内含煤面积的 99.86%，可采指数为 0.79。西部煤层的煤层厚度从 0.36m 到 9.98m 不等，平均厚度约为 4.69m，变异系数 40%，属于较稳定的中厚煤层。

虽然煤层厚度变化较大，但是煤层厚度的分布具有比较明显的规律性。整个煤田煤层厚度分布由厚到薄为由东部到南部再到西部，其中东部煤层厚度最大，超过 15m，南部次之，平均厚度 12m，西部最薄，平均厚度为 6.5m。整个煤田范围内，煤层厚度稳定的地区远远多于不稳定地区。煤层厚度变化如图 2-2 所示。

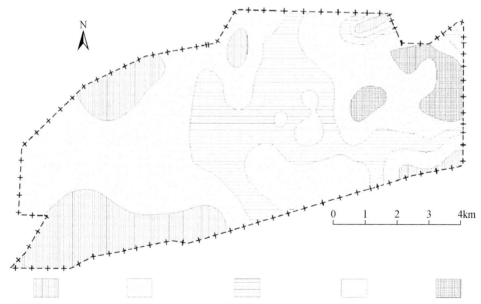

煤层厚度<3.5m　3.5m≤煤层厚度<8m　8m≤煤层厚度<12m　12m≤煤层厚度<16m　煤层厚度>16m

图 2-2　大佛寺煤田 4 号煤层厚度分布

2.1.2　煤层岩性特征

大佛寺煤田含煤地层为中侏罗统延安组。岩性为泥岩、砂岩以及粒砂,中间为碳质泥岩和煤层,岩层整体厚度在 13.36 ~ 106.95m,平均 80m。延安组可划分为上下两部分:上部厚度仅有 20m,局部含煤,以碳质泥岩以及砂岩为主;下部含有主力巨厚 4 号煤层,以及局部可开采的部分煤层,其底层为巨厚砂岩,整个下部厚度约为 55m。

4 号煤层主要为暗煤,含部分亮煤以及镜煤。煤层镜质组主要为无结构镜质体,惰质组主要为木镜丝质体以及半丝质体等。壳质组主要为角质体、碎屑壳质体等。黏土矿物以分散状颗粒为主,硫化物主要为黄铁矿。煤层有机显微组分含量大于 90%,镜质组含量平均值为 22.8%,惰质组平均含量为 68.1%。煤层无机组分主要为含量大于 90% 的碳酸盐类和黏土类,以及 6.8% 左右的硫化物和氧化物。

4 号煤水分产率较低,为 2.36% ~ 6.46%,平均 4.66%;挥发分产率为 28.34% ~ 35.61%,平均 32.94%;硫分为 0.08% ~ 3.61%,平均 0.69%,属特低硫煤;镜质组反射率为 0.59% ~ 0.68%,即大佛寺煤田煤层属于低变质作用阶段,主要为长焰煤和少量的气煤。

2.1.3　煤层埋深及厚度

4 号煤层属于大佛寺主采煤层,本次实验所用煤岩全部取自 4 号煤层,煤层结构简单,不少区域含 0 ~ 2 层夹矸,夹矸厚度在 0.10m 到 0.30m 之间,岩性以泥岩、碳质泥岩为主,结构稳定。煤层平面上展布稳定,连续分布,但受 NNW 及 NEE 方向褶皱构造影响,底板起伏变化较大。海拔为 440 ~ 740m,多为 450 ~ 650m 之间,东南部海拔最高,一般为 700m 左右,东北和西南部海拔最低,在 460m 左右,整体上具有东高西低的特点。煤层埋深 270 ~ 750m,平均 475m,一般 400 ~ 650m。埋深自煤田东部向西部有逐渐增大的趋势。煤田东部及中部煤层埋藏深度大多为 350 ~ 500m,煤田西部埋深多为 500 ~ 700m,与煤层海拔变化趋势接近一致。

4 号煤层厚度为 0 ~ 19.45m,平均 11.66m,含煤总面积 69.10km^2,可采面积 67.11km^2,即面积可采率 97.12%。

2.1.4　煤层顶底板特征及含气性

中侏罗统延安组为本区唯一含煤地层,属平原河流含煤环境,岩层厚度 40.25 ~ 169.09m,平均 75.60m。该层底部为含铝质泥岩和砂质泥岩,泥岩中含有丰富的动植物化石;顶部为一层厚度 2m 左右的含铝质泥岩。

4 号煤层含气量 6.89 ~ 16.69m^3/t,平均 11.55m^3/t,含气量较高。煤层中气体成分主要为 CH_4,浓度 55.31% ~ 89.8%,平均 75.76%;N_2 浓度 9.79% ~ 41.39%,平均 22.41%;CO_2 浓度 0.32% ~ 4.65%,平均 1.83%;重烃气体不含或较少。

2.2 煤岩基础物性

煤岩储层既是煤层气生成的物质基础，又是煤层气富集的载体。煤岩储层特征包括孔隙特征、渗透性、渗透率、吸附性、煤体结构、储层压力等方面，这些因素直接影响到煤层气的产出能力，关系到煤层气抽采的可行性。

2.2.1 煤岩孔隙度和密度

煤层之所以能够储存气体，是因为煤层中存在大量的孔隙空间，构成煤层气吸附和游离的场所。因此，煤层的孔隙特征（包括大小、数量和类型）就成了衡量煤层气储存和运移性能的重要因素之一。

实验测量孔隙度和密度的方法如下：①利用恒温箱 60℃烘干 10 块不规则煤样，测出每块质量；②再把煤样放入抽真空饱和装置中抽真空，利用真空负压使地层水进入煤样孔隙，关闭真空泵，静置饱和煤样 24h，取出煤样用滤纸迅速擦掉煤样表面地层水，测出饱和煤样质量，测量地层水的密度，计算出煤样孔隙体积；③利用改进的阿基米德排水法原理，测出煤样在水中所受的拉力，算出煤样的浮力，然后算出煤样的总体积，则可以求出煤样孔隙度、真密度和视密度。

本次所测 10 块煤样属于不规则煤样，采用自行设计的不规则煤样孔隙度、密度测量方法，计算步骤如下。

第一步：计算孔隙体积。

$$V_p = \frac{m_2 - m_1}{\rho} \tag{2-1}$$

式中，V_p 为孔隙体积，cm^3；m_1 为煤样干重，g；m_2 为饱和煤样重量，g；ρ 为地层水密度，$1.043g/cm^3$。

第二步：计算煤样总体积。

$$F_1 = m_2 g - F_2 = m_2 g - (m_3 g - m_4 g) = \rho g V_b \tag{2-2}$$

即

$$V_b = \frac{m_2 - (m_3 - m_4)}{\rho} \tag{2-3}$$

式中，F_1 为煤样浮力，$g \cdot cm/s^2$；F_2 为煤样在水中拉力，$g \cdot cm/s^2$；g 为重力加速度，$980cm/s^2$；m_3 为水中煤和支架的质量，g；m_4 为支架质量，40.58g；V_b 为煤样总体积，cm^3。

第三步：计算孔隙度、真密度和视密度。

孔隙度 ϕ：

$$\phi = \frac{V_p}{V_b} \times 100\% \tag{2-4}$$

真密度 ρ_1（除去孔隙）：

$$\rho_1 = \frac{m_1}{V_b - V_p} \tag{2-5}$$

视密度 ρ_2（包括孔隙）：

$$\rho_2=\frac{m_1}{V_b} \tag{2-6}$$

10 块不规则煤样所测孔隙度、真密度和视密度如表 2-1 所示。

表 2-1　煤样孔隙度、真密度和视密度

煤样编号	孔隙度/%	真密度/(g/cm³)	视密度/(g/cm³)	平均孔隙度/%	平均真密度/(g/cm³)	平均视密度/(g/cm³)
1	9.94	1.45	1.30			
2	10.24	1.40	1.26			
3	9.46	1.43	1.29			
4	6.05	1.36	1.28			
5	6.13	1.41	1.32	8.18	1.46	1.34
6	6.86	1.37	1.27			
7	8.26	1.45	1.33			
8	7.75	1.45	1.34			
9	8.45	1.47	1.35			
10	8.65	1.81	1.66			

通过抽真空加压饱和地层水法测得的煤样孔隙度总体分布在 6.05%～10.24%，平均孔隙度为 8.18%，参考岩石孔隙度分类评价标准，煤岩孔隙度较差，属于致密煤岩。

2.2.2　煤岩渗透性特征

渗透率是煤储层评价的一项重要内容，它表现了流体在煤层中运移的难易程度。煤层渗透性的好坏直接影响着煤层气的产出速率。

1. 煤体结构类型

煤体结构是指煤层经过地质构造变动所形成的结构特征，一般将煤层划分为原生结构煤、碎裂结构煤、碎粒结构煤和糜棱结构煤（粉煤）四种类型。大量研究表明，适当的构造破坏，可以增加煤层的裂隙，有利于煤层气的渗流，使渗透性变好；而严重的构造破坏，则会使渗透性变差。前人研究结果表明大佛寺煤田煤层为细条带-条带结构、层状构造，煤层表现为原生-碎裂结构，因此煤层具备良好的渗流条件。

2. 煤层裂隙特征

煤是孔隙-裂隙储层，由基岩裂隙和裂隙组成，前者是煤中的微孔隙，主要影响煤层气的赋存、解吸和扩散，后者是煤中自然出现的裂缝，它是煤层解吸后移入扩散孔的主要通道，它的发育程度和相互导通程度是影响煤层渗透率的关键。裂隙越发育、连通性越好的煤层，其渗透性越高，煤层气开采条件越好。前人对井下煤层宏观裂隙特征进行了描述和统计，并对井下煤层裂隙产状进行了实测，采集样品进行了显微镜下裂隙观测。从观测结果看，4 号煤层一般发育有两组裂隙，近垂直节理，两组裂隙又分为主裂隙和次裂隙。主裂隙一般延伸远、密度小、切断次裂隙，裂隙中多充填大量矿物薄膜。根据煤层（裂隙）割理密度划分方案及（裂隙）割理规模变化规律，认为大佛寺煤田煤层裂隙较发育，裂隙（割理）密度中等。

2.2.3　煤岩渗透率

国外将煤储层渗透率划分为：高渗透率煤储层（大于 10mD①）；中渗透率煤储层（1～10mD）；低渗透率煤储层（小于 1mD）。我国煤储层渗透率一般较低。渗透率实验采用美国 GCTS 生产的 RTR-1000 高温高压岩石真三轴测试系统，实验温度为 30℃。实验采用以下步骤：装好岩心，检查实验仪器连接气密性，按照设计的围压和孔隙压力进行实验，当压力稳定后，测量气体流量和压力数据，完成一组实验。需要注意的是，进行下一组不同气体渗流实验时，需要将岩心抽真空 24h，防止混合气体对实验结果的影响。实验结果分析采用文献中的计算公式：

$$K = \frac{2QP_a\mu L}{A(P_1^2 - P_2^2)} \qquad (2-7)$$

式中，K 为渗透率，$10^{-3}\,\mu m^2$；Q 为气体流量，cm^3/s；P_a 为大气压，MPa；A 为岩心横截面积，cm^2；L 为岩心长度，mm；P_1 为岩心入口压力，MPa；P_2 为岩心出口压力，MPa；μ 为气体黏度，MPa·s。

注入低压 0.05MPa（低压防止滑脱作用）非吸附性气体氦气，代入渗透率公式测量出 20 块直径 2.5cm、长约 5cm 的圆柱煤样渗透率在 0.23～0.65mD 之间，平均渗透率 0.45mD，根据储层分类标准，煤层属于致密煤岩储层。

2.3　扫描电镜分析煤岩孔隙形貌

鉴于扫描电镜在煤孔隙观测方面的明显效果和优势，采用扫描电镜对煤岩样品进行了观测，研究成果以期为研究区地面煤层气开发和矿井瓦斯抽采及防治提供可靠、有益的技术参数。

2.3.1　实验原理

作为一种多孔隙结构物质，煤岩内部小于微米级的孔隙结构十分复杂，而恰恰是这部分微孔隙，为煤层气的吸附和运移提供了主要空间。微米级的孔隙结构极其微小，往往没办法用肉眼观察到，因此必须借助显微仪器对其进行观察研究。当前技术条件下，利用扫描电镜技术分析煤岩的微观孔隙结构，能够直观观察到煤样微观孔隙、孔洞、裂缝的发育情况、分布情况、连通情况及其孔隙结构等。为了容易地观察煤岩的这些特征，对彬长矿区大佛寺煤田 4 号煤层煤样进行了扫描电镜实验。

---

① 1mD ≈ $10^{-3}\,\mu m^2$。

其中扫描电子显微镜（SEM）是一种新型多功能的电子光学仪器，它具有复杂的系统，在同类型仪器中应用最为广泛。它的工作原理是由电子枪发射出直径为 $50\mu m$ 的电子束，在加速电压的作用下经过磁透镜系统会聚成直径为 5nm 的电子束，聚焦在样品表面上。在第二聚光镜和物镜之间偏转线圈的作用下，电子束扫描样品，通过入射电子和研究对象相互作用后从样品表面散射出来的电子和光子，获得相应材料的表面形貌和成分分析。

2.3.2　实验过程

用地质锤将大块煤样敲裂，为了尽量减小实验过程对实验结果的影响，使观察到的结果更加接近孔裂隙的真实情况，尽量获取天然煤样的自然断面。所选样品的自然断面要尽量多，保持断面平整，以满足样品观察时的统一性。样品经过干燥处理后，对样品做导电处理，即喷镀一层金属膜，一般膜厚 10～20nm。用导电胶粘在金属台上，可以增加样品和样品台之间的导电性，使样品上聚集的二次电子能通过导电胶传输到样品台上，而不发生电荷积累。粘贴样品需注意观察面朝上，并尽可能在水平面的同一高度上，操作时注意飞散样品的相互混杂。

2.3.3　实验结果

图 2-3 为煤样品扫描电镜图，图 2-3（a）是将煤样全貌放大 45 倍，可知煤样呈团块状结构，结构较为疏松，表面存在微裂缝；图 2-3（b）是将煤样品放大 95 倍，可知煤样品呈团块状结构，团块间存在微裂缝发育；图 2-3（c）是将煤样品断口表面放大 250 倍，可知煤样表面洁净，呈条带状分布；图 2-3（d）是将煤样品表面放大 1200 倍，可知煤样品呈团块状结构，团块间微裂缝发育，团块中微孔隙发育；图 2-3（e）是将煤样品放大 550 倍，可知煤样品呈团块状结构，团块间微裂缝发育，团块中微孔隙发育；图 2-3（f）是将煤样品放大 1100 倍，可知煤样品具有生物结构，微孔隙发育；图 2-3（g）是将煤样品放大 2500 倍，发现煤样品具有生物结构，微孔隙中充填有絮状黏土矿物；图 2-3（h）是将煤样品放大 1500 倍，可以发现区间裂缝发育，絮状黏土矿物充填于煤团块间微裂缝中；图 2-3（i）是将煤样品放大 1600 倍，可知煤样品具生物结构，微孔隙中充填絮状黏土矿物；图 2-3（j）是将煤样品局部放大 750 倍，可知煤样品断口呈贝壳状，存在微裂缝。

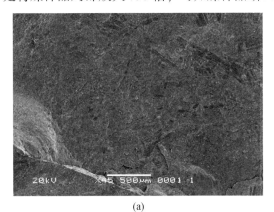
(a)

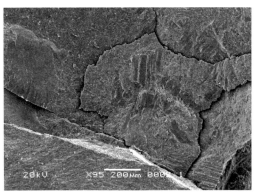
(b)

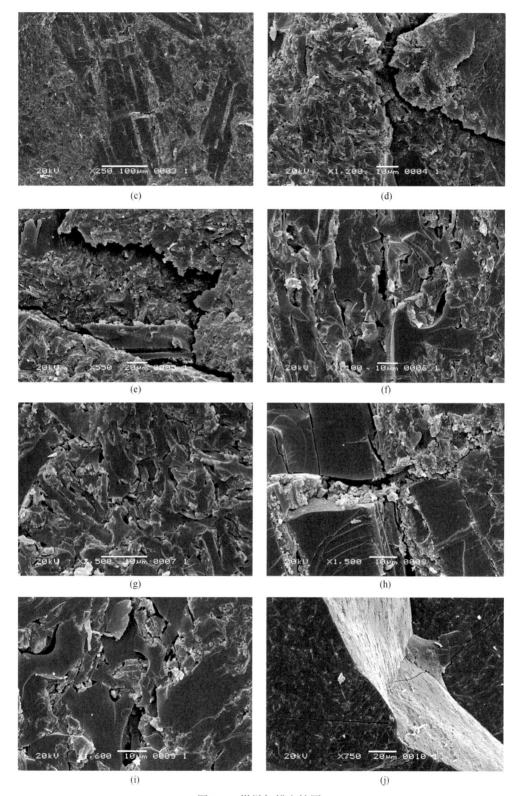

图 2-3　煤样扫描电镜图

2.4　氩离子抛光–场发射扫描电镜分析煤岩孔隙形貌

氩离子抛光–场发射扫描电镜不具有常规扫描电镜样品表面矿物脱落、遮挡、孔隙形貌改变的问题，观测时具有更高的分辨率，结合其他煤储层研究手段将煤孔隙结构进行定性和定量表征与微孔系统分类，将煤孔隙研究深入到纳米水平，为研究微观储层结构提供了新的手段，也为煤层气吸附机理的进一步深入研究提供了更为直观可靠的资料。

2.4.1　实验原理

孔隙分布决定了煤储层的气体吸附、脱附及碳化等多个过程，目前能够直接观测煤孔隙形态及分布的实验方法主要为镜下观察，包括岩石薄片、常规扫描电镜、场发射扫描电镜和原子力显微镜等。运用氩离子抛光–场发射扫描电镜对煤储层孔隙进行直接观测，为煤纳米级孔隙表征提供了一个可行的研究方法。

样品制备上，常规扫描电镜使用手动抛光或者机械抛光，或直接观测样品横断面。这种制样方法的不足在于经机械抛光或未经过抛光的样品表面常出现损伤，微小尺度结构在抛光过程中会受到机械划痕、污染以及形变，带来的问题有三点：①样品真实形貌遭到破坏，其中软组分及孔隙受力后扭曲变形，使形态发生变化；②脆性组分发生断裂从样品表面脱落，堆叠在样品表面遮挡原生孔隙或形成不规则形貌造成孔隙的假象，碎屑物有时充填孔隙影响孔隙结构形貌的观测；③机械抛光造成样品表面温度升高，热应力使孔隙变形或缩小，甚至造成人造孔隙，改变孔隙原始形貌，形成人为裂隙。

煤储层中孔隙通常都是纳米级别的，孔隙原始形貌保持难，加之煤储层质地软弱，观测纳米孔时机械抛光更加不适用。采用氩离子抛光–场发射扫描电镜能准确控制抛光厚度及抛光范围，获得高品质的光滑横断面而不会造成机械损害。针对机械抛光样品表面温度升高的问题，目前的氩离子抛光通常都采用液氮冷却样品台以消除热效应对样品的影响和破坏，最大限度地保留了煤孔隙原始形貌。

2.4.2　实验过程

制样时，采用氩离子抛光技术对样品表面进行刻蚀，用独立的氩激光机从垂直于基床的方向取样品一个面积约 $1cm^2$ 的平坦截面，用氩离子束轰击截面的易损表面得到一个面积大约 $2mm^2$ 的抛光面，呈假高斯状。氩离子抛光相比机械抛光更加光滑、无损伤，相比聚集离子束（FIB）抛光范围更大，能够提供足够高品质的表面以适用于场发射扫描电镜的观察。

2.4.3　实验结果

取彬长矿区大佛寺煤田 4 号煤层煤样进行氩离子抛光场发射扫描电镜实验。在加速电压为10kV 条件下，扫描结果如图2-4 所示。图2-4（a）是将煤样品全貌放大 200 倍后的扫描电镜图片，由图可知该煤样微裂缝发育，其中蕴含的碎屑矿物呈分散状分布；图2-4（b）是将煤样品放大 300 倍后的扫描电镜图片，由图可看出该样品微裂缝发育较差，以结构镜质体和丝质体为主，混有部分碎屑矿物；图2-4（c）是将煤样品放大 1000 倍后的扫描电镜图片，由图可看出该样品局部发育气孔带，表面含有少量碎屑矿物，结构镜质体细胞腔已经变形；图2-4（d）是将煤样品放大 1500 倍后的扫描电镜图片，由图可看出该样品丝质体纵断面呈纤维状，充填有少量碎屑矿物；图2-4（e）是将煤样品放大 2000 倍后的扫

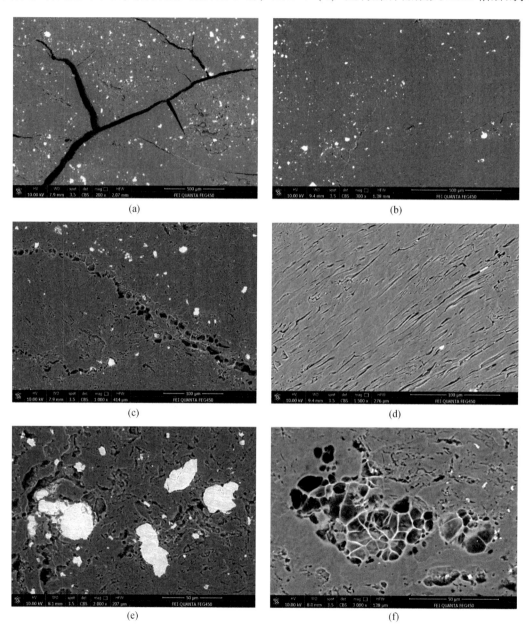

图2-4　煤岩氩离子抛光场发射扫描电镜图

描电镜图片，由图可看出该样品以结构镜质体为主，微孔隙发育，气孔较多，部分孔隙内部被碎屑矿物充填；图 2-4（f）是将煤样品放大 3000 倍后的扫描电镜图片，由图可看出该样品局部发育气孔窝，内部气孔破裂连通，有利于煤层气的储集与运移。

2.5　核磁共振法分析煤岩孔径分布

在常规岩石物理实验中，学者常利用压汞实验、液氮吸附等方式探究岩石的孔隙特征。理论上压汞法能够探测的孔径范围在 5～400nm，但对于致密的低孔渗岩石，其进汞饱和度很难达到 100%，并且在较高压情况下孔隙会塌裂变形，从而导致测试结果偏离真实值，因此压汞法更适合于测试岩石样品的中孔、大孔分布情况。液氮吸附法探测样品的孔径范围在 2～500nm，适用于富含大量纳米级孔隙的致密岩样，但其只能表征样品微小孔与部分中孔的发育程度。由此可见，由于测试机制与测量条件的差异，不同测试方法均会存在相应的优势及不足，从而难以全面表征煤岩的孔径分布特征。而核磁共振作为一种全新的技术，可以无损地检测岩石孔隙流体中的氢核（^1H）信息，能够更加快速并全面反映岩石的孔隙分布特征，且不受岩石骨架与岩性影响，与压汞、液氮吸附等方法相比，核磁共振更适合于煤岩孔径分布特征的研究。

2.5.1　实验原理

核磁共振技术主要通过测试样品中流体产生的核磁信号，绘制样品的横向弛豫时间图谱，从而反映出样品试件的孔隙度、孔径分布等物性特征。不同煤级的煤样拥有不同的孔径分布特征，反映在核磁共振谱上必然有所区别，因此利用核磁共振技术可以对煤层的孔隙结构进行研究。

核磁共振实验中流体与磁场之间的相互作用，可以用式（2-8）描述：

$$\frac{1}{T_2} = \frac{1}{T_{2B}} + \frac{1}{T_{2D}} + \frac{1}{T_{2S}} \tag{2-8}$$

式中，T_2 为孔隙流体的视弛豫时间，s；T_{2B}、T_{2S}、T_{2D} 分别为孔隙流体的体弛豫、表面磁豫、扩散弛豫时间，s。

孔隙流体的体弛豫时间 T_{2B} 通常较大，数值为 2～3s，远大于 T_2，可忽略。而对于低磁场核磁共振实验，磁场均匀且强度小，扩散弛豫速率 $1/T_{2D}$ 极小，也可忽略。则式（2-8）可以化简为式（2-9）：

$$\frac{1}{T_2} = \rho \frac{S}{V} \tag{2-9}$$

式中，ρ 为表面弛豫率；S 为样品的表面积，cm^2；V 为样品孔隙体积，cm^3。

同时，比表面与孔隙半径存在一定关系，岩石饱和单相流体的 T_2 谱可以反映岩石内部孔隙结构。根据孔隙大小与饱和流体弛豫时间（T_2）的正相关关系，可以计算出孔隙分布。孔隙流体的 T_2 与孔径有关，其中大孔对应长 T_2，微孔对应短 T_2。当孔隙中只有单相流体饱和时，其孔径分布可由 T_2 分布确定。压汞试验结果也能反映孔隙结构与 T_2 谱有较好的相关性。因此，利用 T_2 谱与压汞曲线的关系，可以将 T_2 谱转化为孔隙半径分布曲线。表面积 S 和体积 V 的比与孔隙半径的关系可表示为

$$\frac{S}{V} = \frac{F_s}{r} \tag{2-10}$$

式中，F_s 为孔隙形状因子，无量纲；r 为孔隙半径，μm。因此，式（2-9）可表示为

$$T_2 = C_0 \times r \tag{2-11}$$

$$C_0 = \frac{1}{\rho F_s} \tag{2-12}$$

由此可见，C_0 值是将 T_2 转化为 r 的桥梁，若能取得合适的 C_0 值，就可以实现 T_2 到 r 的换算。压汞与核磁曲线理论上均能反映岩样的整个孔分布，实际上，在核磁共振实验中较小的纳米级微孔不一定在可以检测到的范围内，压汞实验中压入半径 50nm 以下的孔隙的可信度也是很低的，且该岩样的进汞饱和度达不到 60%，若将充分饱和水岩样的 T_2 谱与压汞进汞饱和度不足 60% 时的压汞孔喉半径分布直接对比，很难得到准确的换算系数 C_0，这些都是无法找到两条相似曲线的原因。如果利用注入压力 P_c 和孔半径 r 之间满足的 Washburn 方程，可以将式（2-11）转化为如下等式：

$$T_2 = \frac{1}{\rho F_s} \times \frac{2\sigma \cos\theta}{P_c} \tag{2-13}$$

式中，σ 是表面张力，$N/\mu m$；θ 是润湿角；P_c 是注入压力，$N/\mu m^2$。对于同一岩样，其表面张力和润湿角均为常数，故式（2-13）可表示为

$$T_2 = C \times \frac{1}{P_c} \tag{2-14}$$

$$C = C_0 \times C_1 \tag{2-15}$$

$$C_1 = 2\sigma \cos\theta \tag{2-16}$$

由式（2-14）可知，核磁共振 T_2 谱图与毛管压力曲线具有一定的相关性，且 T_2 与 P_c 是一一对应的，即 T_{2max} 对应 P_{cmin}，其中 T_{2max} 为核磁共振实验所能反映出的最大弛豫时间，P_{cmin} 是储层中最大孔径所对应的毛管压力，即入口毛管压力，通过它们的对应关系就可以求得每个样品的 C 值；与此同时，利用 Washburn 公式和压汞实验数据，可以模拟得到每个样品的 C_1 值，从而求得准确的 C_0 值。利用所求得的 C_0 值，最终将 T_2 谱图转化为孔径分布图。

2.5.2　实验过程

首先将煤样放入电热鼓风干燥箱中干燥 2h，然后放入真空饱和装置中饱水 12h，再放入水中浸泡 24h，直至煤样的质量不再增加，煤样达到饱水的状态。将孔隙度标样依次放入线圈的中央，并测出相应的信号强度，用核磁共振分析软件制定一条孔隙度标线，将待测煤样放入线圈的正中央，打开仪器软件，选择 CPMG 序列，设置参数，选择已制定的孔隙度标线，测试煤样的 T_2 谱图、孔隙率、孔径分布等。

2.5.3　实验结果

　　实验选取了 4 个直径 2.5cm、长 5.0cm 左右圆柱煤样，烘干抽真空，饱和地层水，使用核磁共振仪（NMR）测量出煤样的孔径分布图（图 2-5）。由煤样孔径分布图可知，4 个煤样中小于 0.1μm 的孔径占比均大于 75%，对比煤岩孔裂隙标准：吸附孔（微小孔，孔径<0.1μm）、渗流孔（中大孔，0.1~100μm）和裂隙（>100μm），则煤岩孔隙主要为吸附孔。

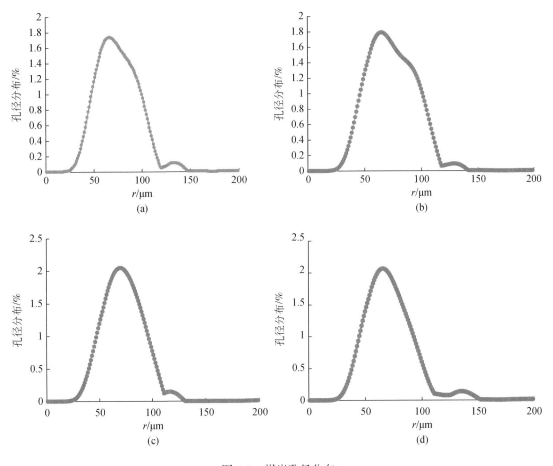

图 2-5　煤岩孔径分布

2.6　压汞法分析煤岩孔隙特征

　　压汞法主要是通过外部压力将液态汞注入煤的孔裂隙中，孔裂隙大小由注入汞的多少确定，外部注汞压力越高，液态汞能够进入的孔裂隙的宽度就越小。因此，一定的压强值对应一定的孔裂隙宽度值，而相应的汞压入量相当于该宽度下的孔裂隙体积。

2.6.1　实验原理

根据毛细管现象，若液体对多孔材料不浸润（即浸润角大于90°），则表面张力将阻止液体浸入孔隙。但是，对液体施加一定压力后，即可克服这种阻力而使得液体浸入孔隙中。因此，通过测定液体充满一给定孔隙所需的压力值即可确定该孔径的大小。压汞法测定煤的孔隙结构特征就是利用汞对煤体的不浸润性。

在半径为 r 的圆柱形毛细管中压入不浸润液体，达到平衡时，作用在液体上的接触环截面法线方向上的压力应与同一截面上张力在此面法线上的分量等值反向，即式（2-17）。

$$P = -\frac{2\sigma\cos\alpha}{r} \tag{2-17}$$

式中，P 为将汞压入半径为 r 的孔隙所需的压力，Pa；r 为孔隙半径，m；σ 为汞的表面张力，N/m；α 为汞对材料的浸润角。

2.6.2　实验过程

将实验煤样破碎成小块，挑选适中煤样，在80℃条件下干燥6h，称量干燥后的样品质量，根据样品大小选择所对应的膨胀计，将样品放入膨胀计并涂抹密封脂对其进行密封，称量样品+膨胀剂的质量，将涂抹好润滑脂的膨胀计放入低压舱，输入样品质量、膨胀计编号等实验参数信息后，开始低压实验；低压实验结束后取出膨胀计，擦去密封脂，称量样品+膨胀计+汞的质量，将膨胀计放入高压舱，检查气密性后，输入样品信息进行高压实验。

2.6.3　实验结果

实验选取了1个直径2.5cm、长2.29cm左右圆柱煤样，对其进行了压汞实验。实验绘制毛管压力曲线和汞饱和度柱状图及渗透率贡献值（累积值）曲线（图2-6、图2-7）。

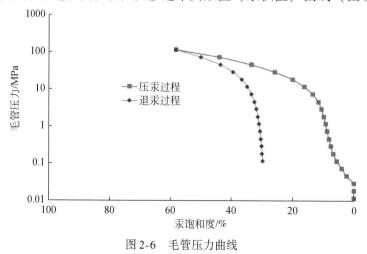

图 2-6　毛管压力曲线

由图2-6可以得到进汞和退汞曲线差值较大，在整个压力阶段都具有明显的压汞滞后环，说明低阶煤具有开放性孔隙，且从微孔到大孔都具有开放性，孔隙间的连通性较好。微孔和细孔是煤岩中气体的主要吸附场所和流动通道，由图 2-7 可以得到测试样品中微孔（<0.01μm）所占比例为 24.57%，细孔所占比例为 55.50%。样品中孔和大孔所占比例较小，可能是由于进汞压力较高，使得煤岩中的微裂缝被压实。

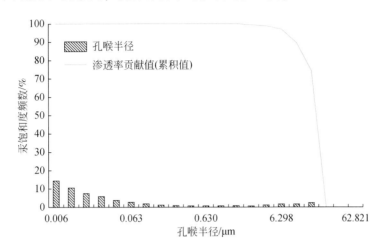

图 2-7　汞饱和度柱状图及渗透率贡献值（累积值）曲线

2.7　X-Ray CT 技术可视化表征煤岩微观结构

X-Ray CT 射线扫描技术是通过 X 射线断层扫描装置将被扫描煤岩样品的断面重构出来，其具有从外部投影重建被扫描煤岩内部细观结构的能力。X-Ray CT 射线扫描技术具有扫描速度快、扫描层薄、空间分辨率高、图像质量好、可以无损检测煤岩样品内部细观结构等优点。

2.7.1　实验原理

X-Ray CT 无损扫描系统的基本原理为：由射线发射器发出 X 射线穿透被检测物体，探测器收集 X 射线衰减后的信息，将其转换为可见光后，再由光电转换器转变为电信号，最后经数字转换器转换为数字信号，数字信号经计算机处理后通过数字图像处理系统将被检测物体的 CT 图像进行显示。通常情况下，不同波长的 X 射线穿透能力不同，而不同物质对同一波长的 X 射线吸收能力也不同，物质密度越大及组成物质的原子序数越高，对 X 射线的吸收能力越强。

2.7.2　实验过程

煤样取自鄂尔多斯盆地彬长矿区大佛寺煤田 4 号煤层，所用仪器为产自德国的 Zeiss

Xradia 510 Versa CT 扫描仪，该仪器最大单次垂直扫描高度为 30mm，且仪器采用高精度步进电机控制的光学显微镜对扫描物体进行逐层扫描，每次扫描厚度为 0.025mm。根据上述仪器扫描参数特征，故扫描单张照片的厚度 0.025mm，扫描长度 24.825mm。共扫描 993 张 CT 图像，从上往下分别编号为 M001、M002、M003、……M993，扫描位置如图 2-8，实验仪器如图 2-9 所示。利用 CT 扫描仪对煤岩样品进行扫描，结合 ORS Visual 和 MATLAB 软件对煤岩样品孔隙度、灰度均值、变形量、孔隙体积、裂缝宽度、伪彩图像进行对比分析。

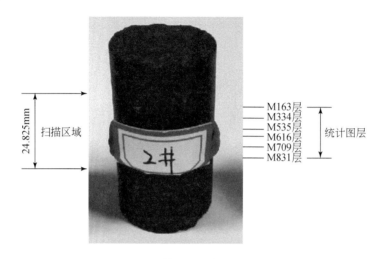

图 2-8　煤样扫描位置示意图

图 2-9　实验装置实物图

2.7.3　实验结果

从图 2-10 可以看到三个不同切面的裂缝尺度，其中 XY 切面某点处的裂缝宽度为 8.1μm。YZ 切面某点处的裂缝宽度为 11.0μm。XZ 切面的裂缝尺度差异较大，所以进行了 3 个位置的测量，分别为 32.2μm、130.6μm 和 28.1μm。

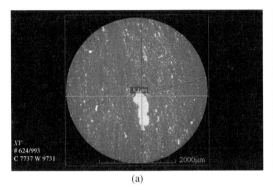 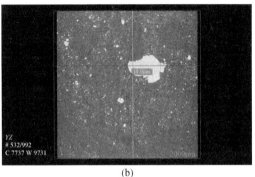

(a)　　　　　　　　　　　　　(b)

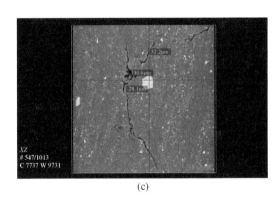

(c)

图 2-10　切面不同方向的煤岩孔隙尺度

从图 2-11 可知煤岩的三维立体结构，图 2-11（a）展示了煤岩裂缝（红色）和煤岩基质（黑色），可知，裂缝在煤岩中心展布。图 2-11（b）表示了对煤岩基质的剥离，呈现了煤岩中裂缝的形貌［图 2-11（c）］。

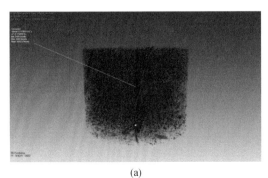 

(a)　　　　　　　　　　　　　(b)

(c)

图 2-11 煤岩三维展布特征

2.8 本 章 小 结

煤岩的微观孔隙结构决定着煤层的吸附解吸和渗流规律，因此，从多个角度刻画与分析煤岩的微观孔隙结构对煤层气的开采具有重要意义。本章通过扫描电镜、氩离子抛光－场发射扫描电镜、核磁共振、压汞及 X-Ray CT 技术对煤岩孔隙结构进行了表征与研究。结果表明大佛寺煤田 4 号煤层煤岩孔径集中分布在 0.001～0.3μm，其孔喉半径主要集中在 0～0.1μm，占总孔喉的 81.1507%，随着孔喉半径的增大，孔喉数目逐渐减少。该储层微孔隙－孔喉发育，为煤层气的储集和运移提供了有利条件。

第 3 章　气体在煤岩上的吸附解吸特征

煤岩作为一种结构复杂的多孔介质,是一种天然的吸附剂,具有很强的吸附性,甲烷主要被吸附在煤岩的微孔中。明确甲烷在煤岩中的吸附特征,是准确评价煤层气储量的前提。此外,二氧化碳和氮气在煤岩中的吸附性是影响注气提高煤层气采收率的关键因素。因此,运用等温吸附实验,研究不同气体在不同条件下在煤岩上的吸附解吸特征,为后续注气提高煤层气采收率提供理论基础。

3.1　煤岩对 N_2 及 CH_4 、 CO_2 三种气体的吸附特性研究

煤为多孔介质,具有较大内表面积,能够吸附气体,属物理吸附(固-气吸附),并具有可逆性。目前对煤岩等温吸附气体研究最多的为 CH_4 、 CO_2 和 N_2 , CH_4 是作为煤层气的主要成分, CO_2 和 N_2 主要是作为注气驱替开采煤层气的气体进行研究。本次实验使用德国进口的等温吸附仪,采用重量法,研究两种不同目数煤样对单组分气体 N_2 和 CH_4 、 CO_2 的等温吸附特征。

3.1.1　实验原理

一般测试气体在煤岩上的吸附和解吸量有两种方法。一种是重量法,利用天平或是重力计,检测样品重量,计算煤样的吸附/解吸量。其基本原理是,在恒温条件下,实验气体能够被煤样成功地吸附,煤样表面上还会产生吸附相。这时天平读数实质上是样品桶、样品、实验气体质量及其浮力的共同作用结果,可表示为

$$\Delta m = \frac{F_b}{g} = m_{sc} + m_s + m_a - (V_{sc} + V_s + V_a)\rho_g \tag{3-1}$$

式中, Δm 为磁悬浮天平的读数,g; F_b 为天平拉力,N; g 为重力加速度,m/s^2; m_{sc} 为样品桶的质量,g; m_s 为样品的质量,g; m_a 为煤样吸附甲烷的质量,g; V_{sc} 为样品桶的体积,cm^3; V_s 为样品体积,cm^3; V_a 为吸附相体积,cm^3; ρ_g 为各个压力点上检测出来的气体密度,g/cm^3。

另外一种是体积法,又被叫作容量法。该方法是许多实验者在进行煤层气等温吸附实验时最常用的方法,也是相对成熟和应用相对广泛的方法之一。其原理是煤样甲烷吸附过程遵守质量守恒定律,即在整个实验过程中,甲烷在体系中的质量不发生改变。实验过程中,先使用增压泵给甲烷气体增压,然后注入参考室,之后打开参考室和样品室之间的隔离阀,使气体发生膨胀,从而在样品上完成吸附,重复这个过程就可以完成不同压力下甲烷在煤岩上的吸附量测量。平衡压力下的甲烷吸附量即为注气量与样品室内未被吸附的气量之差,计算公式为

$$n_{\text{ads},i} = \frac{1}{RT}\left[\frac{P_{1,i}V_r}{Z_{1,i}} - \frac{P_{2,i}(V_r + V_f - V_a)}{Z_{2,i}}\right] \tag{3-2}$$

式中，$n_{\text{ads},i}$ 为各压力点样品吸附量，mol；R 为气体常数，J/(mol·K)；T 为标准条件下的温度，K；$P_{1,i}$ 为吸附前气体的压力，MPa；$P_{2,i}$ 为吸附平衡条件下气体的压力，MPa；V_r 为参考室体积，cm^3；V_f 为自由空间体积，cm^3；V_a 为吸附相体积，cm^3；$Z_{1,i}$ 为吸附前气体的压缩因子；$Z_{2,i}$ 为吸附后气体的压缩因子；i 为第 i 个测点。

3.1.2　实验材料和装置

实验材料：实验煤样来自 DFS-135 井下所取样品，用粉碎机粉碎，使用带有目数的筛子筛选出粒度为 10～20 目和 20～40 目的煤粒。实验气体由西安亚泰气体公司提供，N_2 纯度为 99.999%，CO_2 纯度为 99.99%，CH_4 纯度为 99.999%。

实验利用静态容量法对固体颗粒进行气体吸附分析的仪器为 HPVA-200 型，吸附气体可选用氢气、甲烷、一氧化碳等。测试范围：压力为真空至 200bar（$1bar = 10^5 Pa$）；温度为常温至 500℃；吸附气体为氢气、甲烷、氩气、氧气、一氧化碳和二氧化碳等。实验仪器涵盖了下列 4 个系统：气源、压力、抽真空以及吸附解吸系统。实验仪器结构如图 3-1 所示。

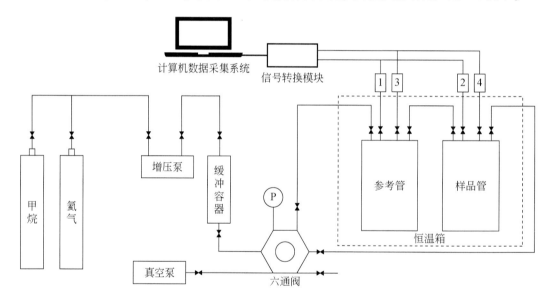

1,2—压力传感器；3,4—温度传感器

图 3-1　静态容量法气体吸附分析仪结构图

3.1.3　实验步骤

（1）首先将采集煤样用锤子敲碎，敲碎后的煤块粒径大约 15mm。将敲碎煤块放入粉碎机中粉碎，然后进行筛选并封装。

（2）实验开始前需要进行气密性检测，常规的气密性检测包含了低压和高压气密性检测。

（3）为了保证本次测量结果的准确性，定容之前必须将系统抽真空，以减小系统误差。

（4）将处理好的煤岩样品装入样品缸内，然后将整个系统抽真空 30min。

（5）将气体注入参照缸内，然后关闭充气阀，与此同时记下体系温度和压力。

（6）连接参照缸与样品缸，气体从参照缸向样品缸内膨胀。待体系稳定后，记录此时参照缸和样品缸的温度和压力。

（7）静置 12h 后，记录最终系统平衡后的压力和温度。

（8）重复上一步操作，逐渐升高实验压力，对不同压力条件下的吸附量进行测试。

（9）吸附实验结束，开始进行解吸实验的准备。打开参照缸放气阀，放出一部分气体，关闭放气阀，记录参照缸压力与温度。

（10）开启平衡阀，连通样品缸和参照缸 12h，并对系统平衡之后的温度和压力进行记录。

（11）重复上述操作，直至达到等温吸附时的初始压力。

3.1.4　实验结果分析

本次实验 CH_4 和 N_2 测试压力最高为 14MPa，测试间隔压力为 1MPa；CO_2 测试压力最高为 3MPa，测试间隔压力为 0.5MPa；三种气体各测量 10~20 目和 20~40 目两种不同目数。实验结果如图 3-2 所示。

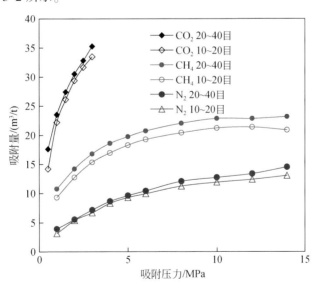

图 3-2　不同目数 N_2、CH_4 和 CO_2 压力–吸附量

　　由图 3-2 可知，煤岩对三种气体的吸附性强弱依次为 $CO_2 > CH_4 > N_2$；随着压力升高，三种气体的吸附量越来越大，但增速越来越慢，CO_2 在低压段呈现指数增长，吸附量远远大于 CH_4 和 N_2；20~40 目煤样对于 N_2、CH_4 和 CO_2 的吸附量整体都大于 10~20 目煤样，即煤样颗粒小，吸附量越大。因为煤样颗粒越小，可供吸附的表面积越大，从而导致吸附气体量越多。

　　Langmuir（朗缪尔）对固体表面的分子场进行了研究，提出了单分子层吸附理论，认为导致分子吸附的是一种来自两种相反运动的动态平衡，经过研究推导，Langmuir 对于压力和吸附量之间的关系进行了总结并证明，提出了 Langmuir 等温吸附方程：

$$V = \frac{abP}{1+bP} \tag{3-3}$$

式中，V 为吸附气体量，cm^3/g；a 为单层饱和吸附量，cm^3/g；b 为吸附常数，MPa^{-1}；P 为气体压力，MPa。

　　式（3-3）可以改写为式（3-4）便于线性拟合：

$$\frac{P}{V} = P \cdot \frac{1}{a} + \frac{1}{ab} \tag{3-4}$$

　　将实验所测煤岩等温吸附数据曲线使用 Origin 软件进行拟合，可以得到 Langmuir 体积常数 $V_L = a$ 和压力常数 $P_L = 1/b$，结果如表 3-1 所示。Langmuir 体积 V_L 体现了煤岩吸附气体的强弱，Langmuir 压力 P_L 体现了气体解吸能力的强弱。表 3-1 表明煤岩吸附 CO_2 能力最强，CH_4 次之，N_2 最弱；20~40 目煤岩吸附能力强于 10~20 目。随着压力降低，煤岩解吸 N_2 能力最强，CH_4 次之，CO_2 最弱；10~20 目煤岩解吸能力强于 20~40 目。

表 3-1　煤样等温吸附实验数据拟合结果

气体类型	煤岩目数	$V_L/(cm^3/g)$	P_L/MPa	误差系数
N_2	10~20	23.98	1.59	0.9978
	20~40	25.97	1.54	0.9993
CH_4	10~20	16.95	4.02	0.9994
	20~40	18.98	4.59	0.9943
CO_2	10~20	45.45	1.07	0.9997
	20~40	44.25	0.82	0.9946

3.2　考虑绝对吸附量的甲烷在煤岩上的吸附与解吸特征研究

3.2.1　等温吸附解吸实验

　　选用 40~60 目的煤岩颗粒进行 CH_4 在煤岩上的吸附解吸测试。实验结果如图 3-3 所示，煤样的 CH_4 解吸曲线位于吸附曲线之上，说明 CH_4 在解吸过程中未完全脱附，发生吸附解吸迟滞现象。

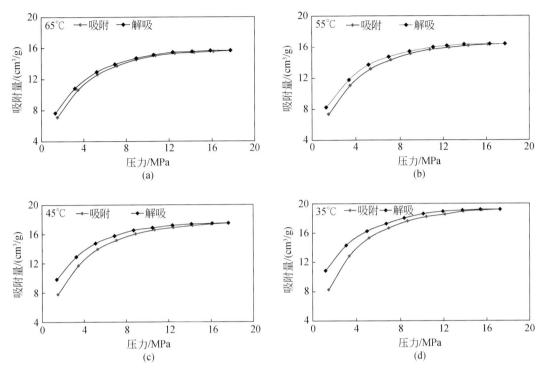

图 3-3 CH$_4$ 等温吸附解吸曲线

3.2.2 等温吸附解吸实验数据校正原理

在测量吸附量时得到的吸附量不是煤岩的真实吸附量，需要对实测的吸附量进行校正，具体可采用 Gibbs 提出的"过剩吸附"概念予以解释，实验测得的吸附量是吸附相中超过体相密度的那部分气体的量，而煤岩真实吸附量（绝对吸附量）则是吸附空间内所有气体的量，可用图 3-4 来表述这一关系。

从图 3-4 中可知，氦气被认为是一种非吸附性气体，用来测量腔体体积（V_b）减去煤岩骨架体积（V_c）的空间体积（V_t）。进行甲烷吸附平衡实验时，向腔体注入一定质量的甲烷，质量用 M_t 表示，其中一部分甲烷被煤岩骨架吸附，成为吸附态甲烷，质量用 M_a 表示，体积用 V_a 表示，密度用 ρ_a 表示；另外一部分没有被吸附，是自由态甲烷，质量用 M_f 表示，体积用 V_f 表示，密度用 ρ_g 表示，可得以下关系式：

$$V_t = V_f + V_a \tag{3-5}$$

$$M_t = M_f + M_a \tag{3-6}$$

$$M_t = \rho_g V_f + \rho_a V_a \tag{3-7}$$

将式（3-5）和式（3-6）代入式（3-7）可得

$$M_a - \rho_g V_a = M_t - \rho_g V_t \tag{3-8}$$

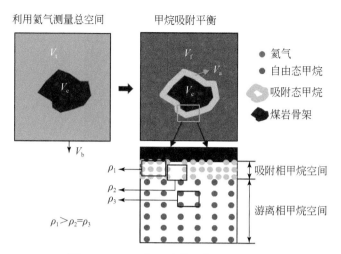

图 3-4　Gibbs 表面过剩吸附概念示意图

从式（3-8）可知，式子的右边是可被直接测量的物理量（M_t，ρ_g 和 V_t），式子左边的物理量（M_a 和 V_a）是现有技术无法直接测量的。在实测吸附量时，我们是根据式（3-8）右边来反求吸附量（$M_a-\rho_g V_a$），很显然，求得的吸附量（$M_a-\rho_g V_a$）并不是真实的吸附量（M_a），它要小于真实吸附量。为了表述方便，一般将实验直接求得的吸附量（$M_a-\rho_g V_a$）称为过剩吸附量（M_e），将真实的吸附量（M_a）称为绝对吸附量，由此可得

$$M_e = M_a - \rho_g V_a \tag{3-9}$$

将式（3-9）中的质量换算为摩尔量，则式（3-9）可改写为

$$n_{ex} = n_{abs} - \rho_g V_a \tag{3-10}$$

式中，n_{ex} 表示过剩吸附量，mmol/g；n_{abs} 表示绝对吸附量，mmol/g；ρ_g 为体相密度，mmol/cm^3；V_a 为吸附相体积，cm^3/g。

由于重量法和容量法吸附实验均无法测得吸附相体积 V_a，所以通过实验无法直接测得绝对吸附量，但是可以用绝对吸附量 n_{abs} 和吸附相密度 ρ_a 来表示吸附相体积 V_a，即

$$V_a = \frac{n_{abs}}{\rho_a} \tag{3-11}$$

式中，ρ_a 为吸附相密度，mmol/cm^3。

将式（3-11）代入式（3-10），可得绝对吸附量（n_{abs}）的表达式：

$$n_{abs} = \frac{n_{ex}}{1 - \dfrac{\rho_g}{\rho_a}} \tag{3-12}$$

由式（3-12）可知，求得体相密度 ρ_g 和吸附相密度 ρ_a，就可利用实验测得的过剩吸附量 n_{ex} 来计算得到绝对吸附量 n_{abs}。其中，气相的体相密度可采用真实气体状态方程求得，如图 3-5 所示，其中 P_c 表示的是甲烷的临界压力。吸附相密度近似等于常压沸点液体密度，取 0.424g/cm^3。

3.2.3　等温吸附解吸实验数据校正结果

按照上述校正方法，对等温吸附解吸数据进行校正。结果如图 3-6 所示，可知在吸附

过程和解吸过程，绝对吸附量要大于过剩吸附量，并且随着压力的升高，这种差异性越来越明显。

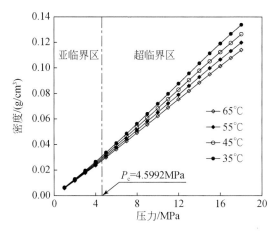

图 3-5　CH₄气相密度曲线图

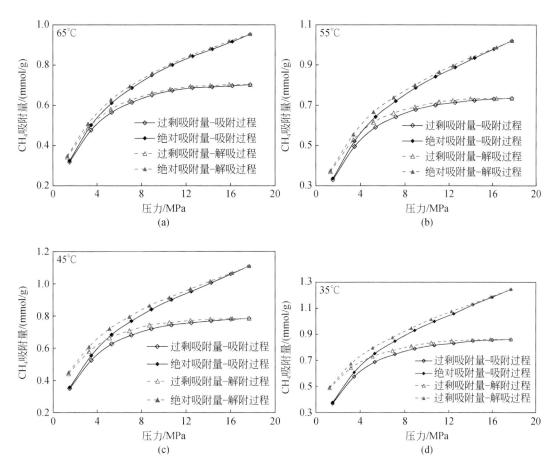

图 3-6　吸附过程和解吸过程的过剩吸附量和绝对吸附量曲线

为了明确绝对吸附量和过剩吸附量的差值，定义两者差值为 n_{dv}，即：

$$n_{dv} = n_{abs} - n_{ex} \qquad (3\text{-}13)$$

对吸附过程和解吸过程中的绝对吸附量和过剩吸附量的差值进行对比，如图 3-7 所示。首先分析吸附过程，从图 3-7（a）可知，以 65℃ 时的曲线为例，当压力为 1.5121MPa 时，n_{dv} 仅为 0.0060mmol/g，当压力升至 11.7411MPa 时，n_{dv} 急剧升高两个数量级，达到 0.2513mmol/g，表明温度相同时，随着压力的升高，n_{dv} 明显增大；在同一压力下，随着温度的降低，n_{dv} 逐渐增大，并且压力越高，随着温度降低，n_{dv} 增加幅度越明显。综上可知，在低温高压下，绝对吸附量和过剩吸附量的差异很大，如果直接采用过剩吸附量，就会明显低估煤岩中吸附气的含量。对于解吸过程，从图 3-7（b）可知，解吸阶段的 n_{dv} 曲线变化特征和吸附阶段的 n_{dv} 曲线变化特征类似。

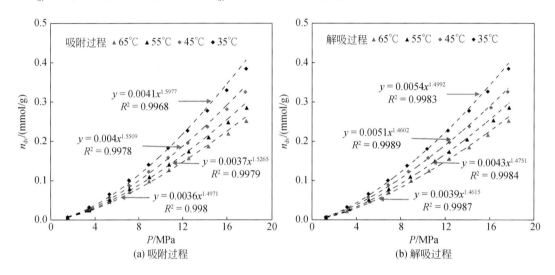

图 3-7　吸附过程和解吸过程的过剩吸附量和绝对吸附量的差值曲线

对吸附过程和解吸过程中的 n_{dv}–P 曲线进行拟合，拟合的相关系数均高于 0.99，表明不同温度下的 n_{dv} 和 P 的关系符合幂函数变化关系，结果如表 3-2 所示。

幂函数表达式为

$$n_{dv} = a\,P^b \qquad (3\text{-}14)$$

式中，a 与 b 为拟合参数，无量纲。

表 3-2　绝对吸附量和过剩吸附量差值与压力的幂函数拟合结果统计表

过程	T/℃	a	b	R^2
吸附	35	0.0041	1.5977	0.9968
	45	0.0040	1.5509	0.9978
	55	0.0037	1.5265	0.9979
	65	0.0036	1.4971	0.9980

过程	$T/℃$	a	b	R^2
解吸	35	0.0054	1.4992	0.9983
	45	0.0051	1.4602	0.9989
	55	0.0043	1.4751	0.9984
	65	0.0039	1.4615	0.9987

3.2.4　Langmuir 模型拟合对比分析

对煤岩吸附过程和解吸过程中的过剩吸附量和绝对吸附量采用 Langmuir 方程拟合，结果如图 3-8 所示。结果表明无论是绝对吸附量还是过剩吸附量都能用 Langmuir 方程很好拟合。

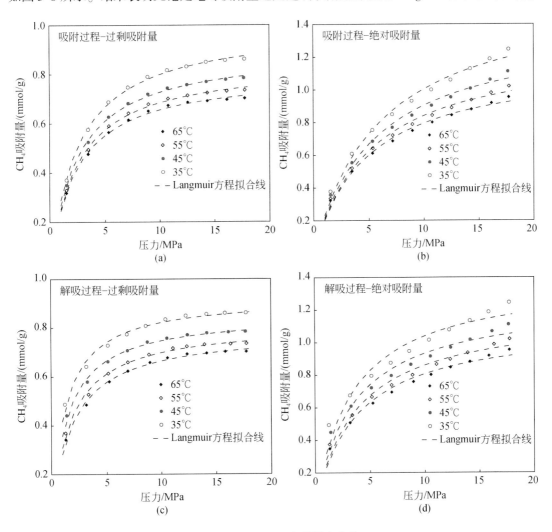

图 3-8　Langmuir 方程拟合曲线

3.3 本 章 小 结

利用等温吸附仪测得煤岩对三种气体的吸附性强弱依次为 $CO_2 > CH_4 > N_2$，随着压力升高，三种气体的吸附量越来越大，但增速越来越慢；CO_2 在低压段呈现指数增长，吸附量远远大于 CH_4 和 N_2。20 ~ 40 目煤样对于 N_2 和 CH_4、CO_2 的吸附量整体都大于 10 ~ 20 目煤样。校正后的绝对吸附量大于过剩吸附量；相同压力下，绝对吸附量与过剩吸附量的差值随温度升高而降低，同一温度下，绝对吸附量与过剩吸附量的差值随压力增大而增大。

第4章　气体吸附对煤岩物性的影响特征研究

为了研究吸附性气体对煤岩基质变形和渗透率的影响，利用 CT 扫描技术刻画了煤岩吸附气体后煤岩裂隙空间尺寸的展布特征。基于煤岩三轴渗流测试系统，测试了不同应力条件下的气体渗流特征，为注气提高煤层气采收率提供基础认识。

4.1　煤岩注气后裂缝变化及变形特征

4.1.1　实验材料和装置

煤样取自鄂尔多斯盆地彬长矿区大佛寺煤田 4 号煤层，煤层压力 2.38 ~ 2.88MPa，煤岩密度为 1.4g/cm³，渗透率为 $3 \times 10^{-3} \sim 6 \times 10^{-3} \mu m^2$。实验装置流程如图 4-1 所示。

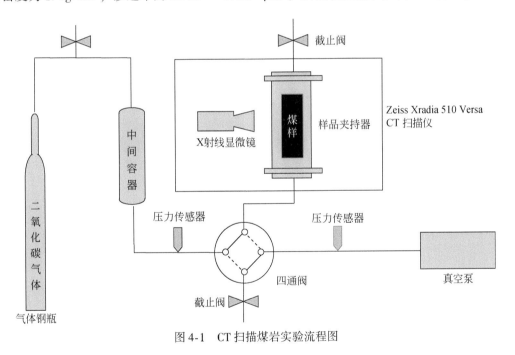

图 4-1　CT 扫描煤岩实验流程图

4.1.2　实验方法

依据大佛寺煤田实际煤层压力，选择 0 ~ 2.5MPa 作为实验注气压力范围，压力梯度 0.5MPa。利用 CT 扫描仪对煤岩样品进行扫描，结合 ORS Visual 和 MATLAB 软件对 5 个压力点下的煤岩样品孔隙度、灰度均值、变形量、孔隙体积、裂缝宽度、伪彩图像进行处理与分析。实验步骤如下：

（1）将煤岩样品固定在 CT 样品夹持器中。

（2）连接真空泵，检查气密性，抽真空 12h 后密封样品夹持器。

（3）连接 CO_2 气瓶和压力监测系统，向样品夹持器中注入 CO_2 气体，注入压力为 0.5MPa，并稳定注入压力 12h，确保 CO_2 充分吸附在煤岩样品上。

（4）采用 CT 扫描仪扫描吸附了 CO_2 后的煤岩样品。

（5）扫描结束，样品室泄压。重复步骤（2）至步骤（4），依次注入 1.0MPa、1.5MPa、2.0MPa 和 2.5MPa 的 CO_2 气体进入样品夹持器。

（6）利用 ORS Visual 软件进行煤岩样品变形特征、孔隙度、裂缝宽度和裂缝体积变化规律分析，利用 MATLAB 软件对煤岩样品的 CT 扫描图像进行伪彩处理和图灰度均值分析。

4.1.3　煤样注气后整体变形特征及裂缝缝宽变化规律

利用 ORS Visual 对扫描煤样进行数字处理，目的是将煤基质、杂质颗粒等部分完全剔除，仅保留煤样中的裂缝，然后再对裂缝进行伪彩色处理，这样可以直观显示煤岩样品中裂缝总体积和裂缝缝宽的变化特征。图 4-2 显示的是正在进行数字处理过程中的煤样截图，紫色区域表示裂缝，下方圆柱体是尚未进行处理的煤样。裂缝由上到下呈现面状分布，紫色区域越大表明裂缝连通性更好。

图 4-2　煤样染色处理过程示意图

图 4-3 为已完成数字化和伪彩处理后的裂缝图像，颜色标尺从蓝色到红色代表裂缝厚度由窄到宽。注入压力为 0MPa，表明没有 CO_2 气体注入，CT 扫描图像颜色明显偏黄，表示初始状态下的裂缝缝宽最大，裂缝覆盖区域最大，根据标尺可知扫描部位的平均缝宽约

为 24.2μm。随着注入压力升高，裂缝吸附 CO_2 气体增多，CT 扫描图像颜色逐步由黄绿色向偏蓝色转变，表示裂缝缝宽逐渐变窄，同时部分裂缝覆盖区域消失。当注入压力为 2.5MPa 时，CT 扫描图像颜色偏蓝，表示此时裂缝缝宽最窄，裂缝覆盖区域最小，扫描部位平均缝宽约 14.5μm。

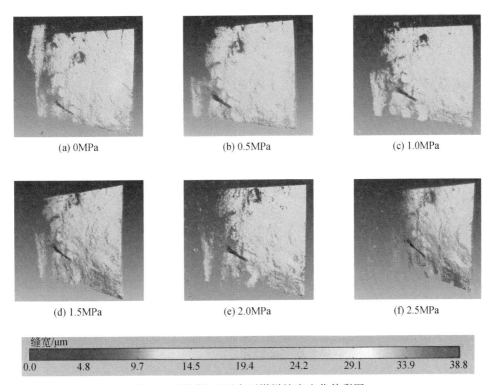

图 4-3　不同注入压力下煤样缝宽变化伪彩图

当 CO_2 气体注入煤岩后，煤岩吸附 CO_2 后发生形变，煤样直径和长度都发生膨胀变形。在扫描层上选取两个测量点，测量不同注入压力下相同测量点两点间距离，就可以分析煤岩的横向变形量和纵向变形量。以某一测量点的数据为例，在压力从 0MPa 增加到 2.5MPa 的过程中，煤样横向上的总膨胀量为 18.263μm，煤样横向总变形率为 1.219%，单位压力下的横向膨胀量为 7.305μm/MPa。煤样纵向上的总膨胀量为 16.148μm，煤样纵向总变形率为 0.635%，单位压力下的纵向收缩量为 6.459μm/MPa，对比变形量可以发现，横向上的膨胀效应比纵向显著。注入 CO_2 后煤样发生膨胀变形，测得的横、纵向变形量表明煤基质的膨胀既是向外膨胀的过程，其膨胀同样也是向内膨胀并挤压裂缝的过程，向内膨胀并挤压裂缝的速度要明显快于向外膨胀。

为了进一步研究煤岩吸附 CO_2 过程中裂缝缝宽变化规律，测量了煤岩上 11 个测点的裂缝缝宽随注入压力的变化趋势，结果如表 4-1 所示。裂缝缝宽均随着注入压力的升高而逐渐减小，表明注入 CO_2 后导致煤岩基质颗粒发生膨胀，煤岩基质颗粒的膨胀导致内部裂缝被挤压，从而导致裂缝缝宽变窄。注入压力越高，CO_2 吸附量越多，煤岩基质颗粒膨胀越明显，裂缝越窄，缝宽与注入压力呈负相关。

表 4-1　煤样内部裂缝缝宽-注入压力变化关系

测点 \ 注入压力 \ 裂缝缝宽/μm	0MPa	0.5MPa	1.0MPa	1.5MPa	2.0MPa	2.5MPa
测量点 1	13.893	12.886	11.929	10.900	9.894	8.911
测量点 2	11.917	10.904	9.955	9.913	8.907	7.902
测量点 3	16.114	14.999	14.420	13.873	12.036	10.934
测量点 4	13.786	12.695	12.685	11.933	10.704	9.340
测量点 5	20.805	16.454	15.376	14.868	14.165	12.870
测量点 6	18.064	16.991	14.893	13.908	12.898	11.921
测量点 7	16.592	15.487	14.424	14.188	13.202	12.523
测量点 8	11.880	10.926	9.955	8.973	7.978	7.003
测量点 9	12.519	11.360	10.342	10.109	9.365	8.164
测量点 10	13.461	12.067	11.966	11.062	10.657	9.127
测量点 11	14.274	12.799	11.594	11.283	10.926	9.393

　　为了更加直观表现注入 CO_2 后裂缝的变化情况，利用 CT 扫描注气前后煤样的连通性裂隙局部变化情况，分别为 xy 方向（图 4-4）、xz 方向（图 4-5）和 yz 方向（图 4-6）。由图 4-4 注气前后煤样 xy 方向裂隙可知，注气前所选裂隙处宽度为 8.1μm，注气后同一裂隙相同位置宽度为 6.0μm，注气后裂隙变小。由图 4-5 注气前后煤样 xz 方向裂隙可知，注气前所选裂隙处宽度分别为 32.2μm、130.6μm、28.1μm，注气后同一裂隙相同位置对应宽度分别为 26.5μm、128.7μm、18.9μm，注气后裂隙变小。由图 4-6 注气前后煤样 yz 方向裂隙可知，注气前所选裂隙处宽度为 11.0μm，注气后同一裂隙相同位置宽度为 7.8μm，注气后裂隙变小。实验结果表明注入 CO_2 导致煤岩基质膨胀，挤压煤岩裂隙，导致煤岩裂隙减小。

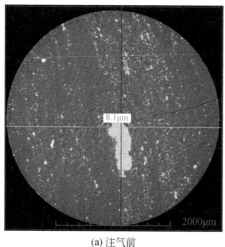

(a) 注气前　　　　　　　　　　　　　　　(b) 注气后

图 4-4　注气前后煤样 xy 方向裂隙

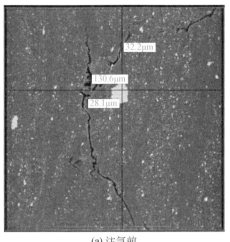
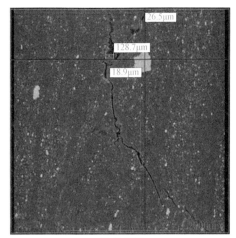

(a) 注气前　　　　　　　　　　　　　　　(b) 注气后

图 4-5　注气前后煤样 xz 方向裂隙

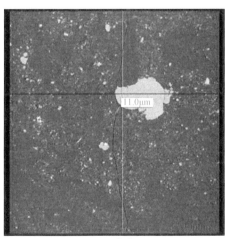
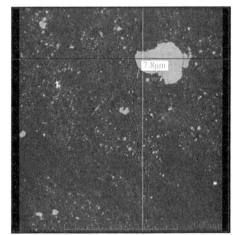

(a) 注气前　　　　　　　　　　　　　　　(b) 注气后

图 4-6　注气前后煤样 yz 方向裂隙

4.1.4　煤岩注气后孔隙度与灰度值变化特征

通过 CT 图像计算孔隙度的常用方法是将图像进行二值化处理。选定一个阈值，即将由每一个灰度点组成的 CT 扫描灰度图像看作是地形高度图，那么每一张灰度图可以比作不同的数字地面模型 DTM（digital terrain model），由该模型可以得到孔隙分布函数 $\Phi(l)$ 为

$$\Phi(l) = \frac{\sum_{i=0}^{l} (l - r_i) H(r_i)}{l \sum_{i=0}^{l} H(r_i)} \tag{4-1}$$

式中，r_i 为各个像素点的灰度值；$H(r_i)$ 为 $[r_{min}，r_{max}]$ 范围内的灰度直方图；r_{min} 为灰度图中的最小灰度值；r_{max} 为灰度图中的最大灰度值，其取值范围为 $[r_{min}，r_{max}]$。

图 4-7 展示了不同注入压力下煤岩样品的 CT 扫描图像。从图中可知，亮色点状和团状部分为矿物质，灰色且性质均一的部分为煤岩基质，红色点状部分和条状部分为煤岩的裂缝和孔隙。随着注入 CO_2 的压力从 0MPa 增大到 2.5MPa，红色部分面积逐渐减小，透光度越来越高，表明煤岩样品吸附的 CO_2 气体越来越多，孔-缝受到挤压而逐渐变小。

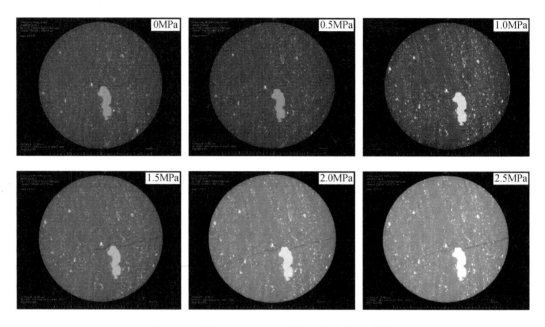

图 4-7 不同 CO_2 注入压力下的煤岩样品 CT 图像

由于灰度图像视觉分辨率较低，采用 MATLAB 软件对不同 CO_2 注入压力下的煤岩 CT 扫描图像进行伪彩色增强处理，处理后的图像如图 4-8 所示。可知，随着 CO_2 注入压力增大，伪彩图像颜色逐渐变浅，表明随着 CO_2 注入压力增大，煤岩样品吸附 CO_2 气体越来越多，煤岩内部收缩效应越来越明显，裂缝逐渐变窄甚至闭合，同时孔隙体积不断减小，煤岩变得越来越致密。

利用 ORS Visual 软件计算不同 CO_2 注入压力下 CT 扫描图像的灰度均值和煤岩孔隙度，结果如图 4-9 所示。随着 CO_2 注入压力增大，煤样孔隙度由初始的 7.893% 降至 2.5MPa 时的 0.873%，灰度均值在这一过程中由 2200 增至 3500。这是因为随着注入压力的增大，煤样基质孔隙表面吸附的 CO_2 越来越多，导致煤岩基质密度增大。图中显示孔隙度和灰度均值呈现较好的负相关性，孔隙度随着灰度均值的增大而减小，因此灰度均值能够在一定程度上反映孔隙度的大小，可以作为评价煤岩储层物性的一个参考量。

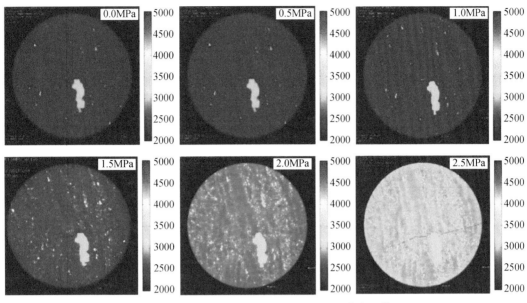

图 4-8　不同 CO_2 注入压力下的煤岩样品伪彩图像

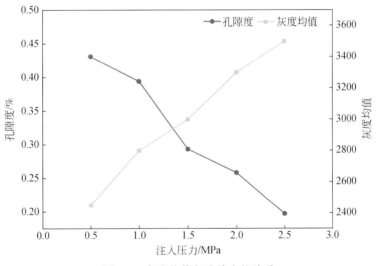

图 4-9　灰度均值与孔隙度的关系

4.2　应力对煤层渗透率的影响

煤层的低渗透率是制约我国煤层气大规模开发利用的一个重要因素，注 N_2 开采煤层气过程中外来压力和气体的吸附解吸会导致煤层渗透率发生变化，研究煤岩注 N_2 过程中渗透率的变化规律对于煤层气的开发具有重要意义。

4.2.1　实验材料、设备与方案

钻取直径2.5cm的圆柱形煤样，再使用线切割机切成长5cm的煤样，使用砂纸把煤样截面打磨光滑平整，放入恒温箱80℃烘干4h，装袋放入干燥瓶中备用。实验仪器采用自适应多场耦合三轴试验仪（图4-10），实验过程通过计算机控制实验围压、轴压、入口液压和温度，手动操作控制入口气体压力和出口压力。实验用气由高压气瓶提供，实验过程中的围压、轴压、入口压力、出口压力、温度、煤岩横向位移和纵向位移等数据都由计算机自行采集记录，气体流量由皂泡流量计测量。

在实验之前，测量煤岩破坏前最大轴压为3.0MPa，最大围压为7MPa，为保证煤样在实验过程中不被破坏，设置实验过程最大轴压为2MPa，最大围压为5MPa。实验主要研究轴压和围压对煤岩形变的影响，同时研究 N_2 和 CO_2 驱替 CH_4 过程中煤岩渗透率的变化情况。

图4-10　多场耦合三轴试验仪

4.2.2　气测渗透率计算

本次气测渗透率不考虑低压条件下气体的滑脱效应，气测渗透率公式如下所示：

$$K=\frac{2QP_0\mu L}{A(P_1^2-P_2^2)} \tag{4-2}$$

式中，K 为气测渗透率，$10^{-3}\mu m^2$；Q 为气体流量，cm^3/s；P_0 为大气压，0.1MPa；μ 为气体黏度，$Pa \cdot s$；L 为煤岩长度，cm；A 为煤岩横截面积，cm^2；P_1 为进气口气体压力，MPa；P_2 为出气口气体压力，MPa。

4.2.3　实验步骤

（1）连接仪器，确保仪器正常，装入圆柱煤样，检查装置气密性；

（2）设置实验温度33℃，围压和轴压同时小幅度增加，最终使围压为5.0MPa，轴压为 2.0MPa；

（3）通入 He 气，测量煤岩渗透率；

（4）连接真空泵，对煤样抽真空 4h；

（5）在 1.0MPa 下饱和甲烷 4h；

（6）游离气态甲烷；

（7）设置 N_2 入口压力为 0.5MPa，回压为 0.2MPa，用泡沫流量计记录流速，测定驱替过程中煤岩的渗透率；

（8）改变 N_2 入口压力分别为 1.0MPa、1.5MPa 和 2.0MPa，重复步骤（7）；

（9）驱替气体换作 CO_2，重复步骤（1）和（8）。

4.2.4　轴压和围压对煤岩形变的影响

研究轴压和围压对煤岩形变的影响采用的是单轴压缩方法，研究轴压对纵向形变的影响（图4-11），围压对横向形变的影响（图4-12）。由图4-11可知，轴压在 0～22bar[①] 内，随着压力升高，煤岩纵向变形程度越来越大，呈线性变化。由图4-12可知，围压在 0～52bar 内，随着压力升高，煤岩横向变形程度越来越大，围压与横向变形也呈线性变化。

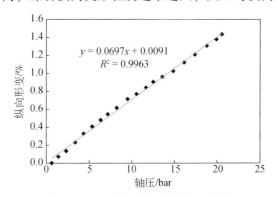

图4-11　轴压和纵向形变关系曲线

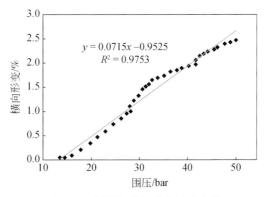

图4-12　围压和横向形变关系曲线

①　1bar=100kPa。

4.2.5　驱替气体对煤岩渗透率的影响

利用非吸附性气体 He 在温度为 33℃，围压为 5.0MPa，轴压为 2.0MPa 的条件下进行渗透率测试，然后进行 N_2 驱替 CH_4 过程中的渗透率测试，最后进行 CO_2 驱替 CH_4 过程中的渗透率测试，渗透率测试结果如图 4-13 所示。结果表明 He 气测试的煤岩渗透率最大，并且随着驱替压力的增大，渗透率基本保持不变。N_2 驱替 CH_4 过程中的渗透率次之，随着驱替压力升高，煤岩渗透率逐渐降低。CO_2 驱替 CH_4 过程中的渗透率最小，随着 CO_2 驱替压力升高，煤岩渗透率显著降低。导致上述结果的主要原因是煤岩对不同气体的吸附性不同。煤岩不吸附 He 气，因此 He 气的测试渗透率几乎不变，并且数值最大。煤岩对 CO_2 和 N_2 都有吸附性，而吸附气体会导致煤岩基质膨胀，降低了渗流空间，从而导致渗透率降低。

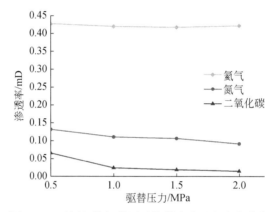

图 4-13　不同驱替气体测试的煤岩渗透率变化曲线

4.3　吸附性气体对煤层渗透率的影响研究

煤岩对 CO_2、N_2 和 CH_4 等多种气体具有吸附作用，研究煤岩吸附气体后的变形特征和由吸附变形导致的渗透率变化是煤层气提高采收率技术和 CO_2 在煤岩中的封存技术的基础理论[47]。

4.3.1　实验材料

试验所用煤岩取自大佛寺煤田 4 号煤层。煤层镜质组主要为无结构镜质体，惰质组主要为木镜丝质体以及半丝质体等。矿场取回煤岩块易碎，小心钻取试验岩心五块，并测量基础物性，结果如表 4-2 所示。试验所用吸附性气体的纯度均为 99.99%。

表 4-2　煤岩岩心基础物性

煤岩编号	直径/cm	长度/cm	孔隙度/%	空气渗透率/$10^{-3}\mu m^2$	骨架密度/(g/cm^3)
D1	2.51	4.42	9.72	0.32	1.42
D2	2.51	4.87	9.86	0.44	1.44
D3	2.51	5.23	9.64	0.31	1.39
D4	2.51	5.12	10.16	0.42	1.41
D5	2.51	4.92	8.95	0.28	1.38

4.3.2　实验原理与步骤

渗流试验采用美国 GCTS 生产的 RTR-1000 高温高压岩石真三轴测试系统，试验温度为30℃。试验采用以下步骤：装好岩心，检查试验仪器连接气密性，按照设计的围压和孔隙压力进行试验，当压力稳定后，测量气体流量和压力数据，完成一组试验。需要注意的是，进行下一组不同气体渗流试验时，需要将岩心抽真空 24h，防止混合气体对试验结果的影响。试验结果分析采用文献中的计算公式：

$$K=\frac{2QP_a\mu L}{A(P_1^2-P_2^2)}\qquad(4-3)$$

式中，K 为渗透率，$10^{-3}\mu m^2$；Q 为气体流量，cm^3/s；P_a 为大气压，0.1MPa；A 为岩心横截面积，cm^2；L 为岩心长度，mm；P_1 为岩心入口压力，MPa；P_2 为岩心出口压力，MPa；μ 为气体黏度，MPa·s。

4.3.3　实验结果

通过调节围压，以保持试验过程中煤岩所受的有效应力不变，以消除应力敏感干扰试验结果，本试验有效应力保持为2MPa，试验结果如表4-3所示。

表 4-3　吸附性气体对渗透率的影响

岩心编号	孔隙压力/MPa	渗透率/$10^{-3}\mu m^2$			
		He	N_2	CH_4	CO_2
D2	0.27	0.4712	0.4105	0.3466	0.2244
	0.51	0.3934	0.3165	0.2363	0.1142
	1.24	0.3744	0.2731	0.1982	0.0511
	1.54	0.3652	0.2665	0.1874	0.0432
	2.21	0.3652	0.2534	0.1654	0.0331
	2.47	0.3652	0.2521	0.1551	0.0345
	3.12	0.3652	0.2471	0.1442	0.0252

岩心编号	孔隙压力/MPa	渗透率/$10^{-3}\,\mu m^2$			
		He	N_2	CH_4	CO_2
D3	0.27	0.3192	0.2732	0.2011	0.1245
	0.52	0.2686	0.1692	0.1139	0.0334
	1.22	0.2475	0.1327	0.0852	0.0173
	1.53	0.2409	0.1216	0.0795	0.0101
	2.19	0.2409	0.1141	0.0689	0.0093
	2.53	0.2409	0.0976	0.0554	0.0077
	3.27	0.2409	0.0866	0.0498	0.0033
D4	0.26	0.4552	0.4001	0.3123	0.2004
	0.48	0.3843	0.2982	0.2146	0.0988
	1.21	0.3621	0.2636	0.1826	0.0503
	1.53	0.3521	0.2611	0.1745	0.0397
	2.22	0.3521	0.2545	0.1639	0.0311
	2.51	0.3521	0.2509	0.1478	0.0298
	3.22	0.3521	0.2387	0.1377	0.0231
D5	0.25	0.3003	0.2436	0.1846	0.1191
	0.55	0.2431	0.1477	0.1044	0.0231
	1.18	0.2346	0.1145	0.0725	0.0107
	1.51	0.2276	0.1022	0.0663	0.0081
	2.22	0.2276	0.0561	0.0492	0.0079
	2.49	0.2276	0.0363	0.0328	0.0048
	3.28	0.2276	0.0271	0.0291	0.0016

当气体分子的平均自由程接近孔隙通道的尺寸时，气测渗透率有了一个附加值，表现为滑脱效应。为了准确评价吸附性气体对渗透率的影响，需要消除滑脱效应对试验结果的影响。

不同气体的分子自由程不同，导致相同条件下滑脱因子不同，但是大量试验结果表明，在孔隙尺度不同测试气体对滑脱因子测试结果的影响在工程角度可以忽略不计，因此本书利用非吸附性气体 He 来等效吸附性气体（CO_2、CH_4 和 N_2）在不同压力状态下的滑脱因子。气体在低速流动时，滑脱效应的表达式可以描述为

$$K_g = K_1 \left(1 + \frac{b}{P_m} \right) \tag{4-4}$$

式中，K_1 为气体克氏渗透率，$10^{-3}\mu m^2$；b 为气体滑脱因子，MPa；P_m 为平均孔隙压力，MPa。

由式（4-4）计算可得四块煤岩岩心在不同压力时的滑脱因子，结果如表4-4所示。

表4-4　煤岩岩心在不同压力时 He 的滑脱因子

D2 煤岩岩心		D3 煤岩岩心		D4 煤岩岩心		D5 煤岩岩心	
孔隙压力 /MPa	滑脱因子 /MPa	孔隙压力 /MPa	滑脱因子 /MPa	孔隙压力 /MPa	滑脱因子 /MPa	孔隙压力 /MPa	滑脱因子 /MPa
0.27	0.0784	0.27	0.0878	0.26	0.0761	0.25	0.0799
0.51	0.0394	0.52	0.0598	0.48	0.0439	0.55	0.0375
1.24	0.0312	1.22	0.0334	1.21	0.0344	1.18	0.0363

由表 4-4 中计算的滑脱因子，对表 4-3 中的吸附性气体（CO_2、CH_4 和 N_2）的渗透率进行修正，结果如表 4-5 所示。

表4-5　修正后的吸附性气体对渗透率的影响

岩心编号	孔隙压力/MPa	渗透率/$10^{-3}\mu m^2$			
		He	N_2	CH_4	CO_2
D2	0.27	0.4712	0.3182	0.2686	0.1663
	0.51	0.3934	0.2938	0.2194	0.0849
	1.24	0.3744	0.2664	0.1933	0.0317
	1.54	0.3652	0.2665	0.1874	0.0432
	2.21	0.3652	0.2534	0.1654	0.0331
	2.47	0.3652	0.2521	0.1551	0.0345
	3.12	0.3652	0.2471	0.1442	0.0252
D3	0.27	0.3192	0.2062	0.1518	0.0730
	0.52	0.2686	0.1518	0.1022	0.0120
	1.22	0.2475	0.1292	0.0829	0.0059
	1.53	0.2409	0.1216	0.0795	0.0101
	2.19	0.2409	0.1141	0.0689	0.0093
	2.53	0.2409	0.0976	0.0554	0.0077
	3.27	0.2409	0.0866	0.0498	0.0033
D4	0.26	0.4552	0.3095	0.2416	0.1452
	0.48	0.3843	0.2732	0.1966	0.0684
	1.21	0.3621	0.2563	0.1776	0.0299
	1.53	0.3521	0.2611	0.1745	0.0397
	2.22	0.3521	0.2545	0.1639	0.0311
	2.51	0.3521	0.2509	0.1478	0.0298
	3.22	0.3521	0.2387	0.1377	0.0231

续表

岩心编号	孔隙压力/MPa	渗透率/$10^{-3}\ \mu m^2$			
		He	N_2	CH_4	CO_2
D5	0.25	0.3003	0.1846	0.1399	0.0713
	0.55	0.2431	0.1383	0.0977	0.0088
	1.18	0.2346	0.1111	0.0703	0.0024
	1.51	0.2276	0.1022	0.0663	0.0081
	2.22	0.2276	0.0561	0.0492	0.0079
	2.49	0.2276	0.0363	0.0328	0.0048
	3.28	0.2276	0.0271	0.0291	0.0016

将修正前后的渗透率进行对比，并对修正后的渗透率和气体压力进行拟合，结果如图4-14所示。通过分析得到以下几点认识：

（1）随着气体压力的增大，渗透率呈现降低的趋势，当气体压力增大到一定值时，渗透率下降趋势变缓。其机理可用图4-15表示，随着气体压力增大，煤岩吸附的气体增多，一方面导致煤岩基质膨胀挤压渗流通道，另外一方面吸附气体占据了部分渗流通道，两方

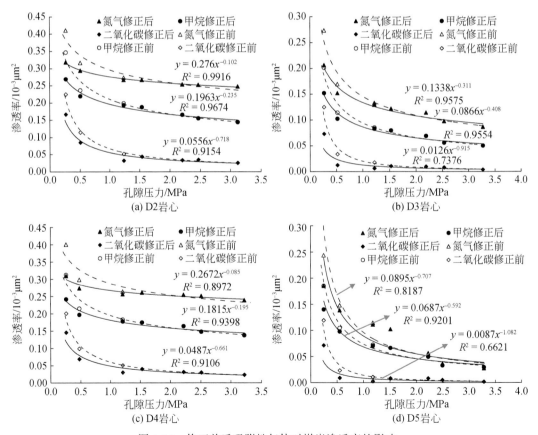

图4-14　修正前后吸附性气体对煤岩渗透率的影响

面的原因综合导致了渗透率降低，随着气体压力的增大，煤岩吸附气体的量和煤岩基质的膨胀量都趋近最大值，渗流通道很难再被压缩，渗透率下降到一定程度时将趋于定值。

（2）在相同的气体压力下，N_2 的渗透率最高，CH_4 次之，CO_2 的渗透率最低，结合煤岩对不同气体的吸附特征可知，在相同的压力下，煤岩对 CO_2 的吸附量最高，对 CH_4 的吸附量次之，对 N_2 的吸附量最小，这就表明吸附量越高的气体，对煤岩渗透率的降低程度越大。

（3）在低压区（$P<1.5MPa$）时，未修正的渗透率大于修正值，表明滑脱效应会夸大气体吸附对渗透率的影响。

（4）对修正后渗透率和孔隙压力进行拟合，结果表明渗透率和气体压力呈现良好的幂指数关系。

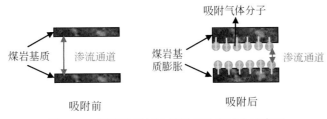

图 4-15　煤岩吸附气体后渗流通道减小示意图

4.4　本章小结

利用高分辨率三维 X 射线 CT 扫描技术直接证实了煤岩吸附 CO_2 后裂隙因基质膨胀而被压缩的客观事实，并定量研究了裂缝的压缩率。这一探索性实验为从可视化角度深入研究煤岩吸附变形机理提供了可供借鉴的方法。揭示了煤岩吸附气体后渗透率降低的两个主要机理：一是煤岩基质颗粒吸附气体后发生膨胀变形，导致渗流通道减小；二是吸附在煤岩基质颗粒表面的气体占据了一部分渗流通道，最终耦合导致煤岩渗透率降低。在低压区（$P<1.5MPa$），滑脱效应明显夸大了气体吸附对煤岩渗透率的影响，并提出了利用非吸附性气体（He）校正吸附性气体（CO_2、CH_4 和 N_2）渗透率的方法。

第5章　注气提高煤层气采收率实验研究

进行了核磁共振仪注气驱替煤层气实验和填砂管注气驱替煤层气实验研究，探究了不同注气压力、气体种类、注气方式等工艺参数下的驱替效率，优化出合理的注气方案，为后期现场施工提供参考依据。

5.1　基于核磁共振技术的注气实验

5.1.1　实验材料和装置

实验煤样取自井下岩样，经取心机制成长为 4.844cm，直径为 2.53cm 的圆柱体煤心，并用砂纸进行磨光处理。实验气体的 N_2 纯度为 99.999%，CO_2 纯度为 99.99%，CH_4 纯度为 99.999%。

实验装置流程如图 5-1 所示，主要部件有核磁共振仪、中间容器、压力传感器、温度传感器、气瓶、真空泵、二通阀等。其中核磁共振仪通过磁共振波谱及其成像技术能够快速和准确测量待测煤样，内部配置有高温高压岩心夹持器，能够实现地层环境的模拟。磁体类型为永磁体，磁场强度为（0.5±0.05）T，探头线圈直径为 60mm，最大样品检测范围直径为 60mm，高为 60mm，电源要求为 220V、50Hz，工作温度为 22～28℃，环境湿度

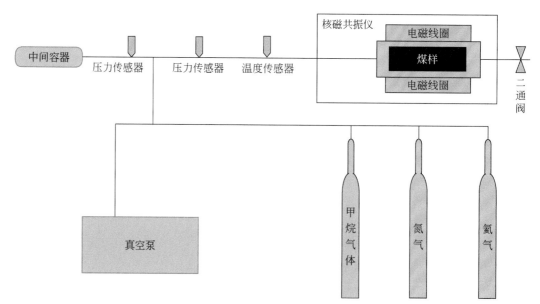

图 5-1　核磁共振仪注气驱替实验装置示意图

为 30% ~ 70%。

5.1.2　实验原理

采用 N_2、CO_2 及两种气体的混合气作为驱替气体进行注气提高煤层气采收率实验。通过核磁共振仪能够测得不同阶段下的 T_2 谱峰面积，就可以算出驱替效率。具体步骤如下[48]。

（1）计算不同条件下的 CH_4 压缩因子（Z）：

$$Z = 1 - \frac{3.52P_r}{10^{0.9813T}} + \frac{0.274P^2}{10^{0.8157T}} \quad (5-1)$$

$$P_r = \frac{P}{P_c} \quad (5-2)$$

$$T_r = \frac{T_0 + T_1}{T_0 + T_c} \quad (5-3)$$

式中，T_r 为 CH_4 的对比温度,℃；P_r 为 CH_4 的对比压力，MPa；P 为压力表读数，MPa；P_c 为 CH_4 的临界压力，4.539MPa；T_0 为 0℃，273.15K；T_1 为温度表读数,℃；T_c 为 CH_4 临界温度，–82.45℃。

（2）计算煤样孔隙体积：

$$P_1V_1 = nZ_1RT \quad (5-4)$$

$$P_2(V_1 + V_2) = nZ_2RT \quad (5-5)$$

$$V_2 = \frac{V_1}{P_2V_1}(P_1Z_2 + P_2Z_1) \quad (5-6)$$

式中，P_1 是中间容器 CH_4 平衡后压力，MPa；V_1 是中间容器体积，mL；n 是中间容器中 CH_4 物质的量，mol；R 是热力学常数，取 8.314J/（mol·K）；T 是热力学温度，K；P_2 是 CH_4 从中间容器充入样品室后系统的平衡压力，MPa；V_2 是样品室中煤样孔隙体积；Z_1 是温度为 T，压力为 P_1 时，CH_4 的压缩因子，无量纲；Z_2 是温度为 T，压力为 P_2 时，CH_4 的压缩因子，无量纲。

（3）气体体积与 T_2 谱图峰面积换算。将 T_2 谱图峰面积与标准状况（0.1MPa，0℃）下的气体体积进行比较拟合，计算出 k 值：

$$k = V/T \quad (5-7)$$

式中，k 为系数；V 是标准状况下气体体积，mL；T 是 T_2 谱图峰面积。

（4）游离态 CH_4 体积转化为标准状况下的体积：

$$P_2V_2 = Z_2nRT \quad (5-8)$$

$$P_3V_3 = Z_3nRT \quad (5-9)$$

$$V_3 = \frac{Z_3P_2V_2}{Z_2P_3} \quad (5-10)$$

式中，V_2 是游离态 CH_4 体积，mL；P_3 是标准状况下 CH_4 气体压力，0.1MPa；V_3 是标准状况下 CH_4 气体体积，mL；Z_3 是标准状况下 CH_4 压缩因子，1。

（5）煤样排出游离态 CH_4 后，剩下的吸附态 CH_4 的体积：

$$V_4 = V - V_3 = kT_1 - V_3 \qquad (5\text{-}11)$$

式中，V_4 是煤样中吸附态 CH_4 体积，mL；V 是煤样中注入的 CH_4 总体积，mL；T_1 是煤样饱和 CH_4 后测得的 T_2 图谱峰面积。

（6）煤样中剩余的 CH_4 体积：

$$V_5 = kT_2 \qquad (5\text{-}12)$$

式中，V_5 是煤样中剩余的 CH_4 体积，mL；T_2 是驱替实验完成后，煤样中测得的 T_2 图谱峰面积。

（7）驱替效率计算公式：

$$\eta = \frac{V_4 - V_5}{V_4} \times 100\% \qquad (5\text{-}13)$$

式中，η 为驱替效率。

5.1.3　实验步骤

（1）实验样品在 60℃ 下烘干 4h。

（2）打开阀门，将真空泵连接核磁共振仪，抽真空 4h，样品室温度设定为 33℃。

（3）给中间容器注入 2.5MPa 的 CH_4，待压力稳定后，打开连接中间容器和核磁共振仪样品室的阀门，CH_4 进入样品室中煤样孔隙内，静置 2h。

（4）打开样品室末端阀门，排出游离态 CH_4。

（5）用气体钢瓶将驱替注气注入样品室进行驱替实验。

（6）根据记录测量的 T_2 谱图数据计算驱替效率。

（7）改变注气种类、注气压力和注气方式，重复实验。

5.1.4　实验结果分析

图 5-2 为三种连续注气方案的实验结果。驱替气体分别为 N_2、CO_2 和混合气（N_2：$CO_2 = 1:1$），注气压力依次为 1.5MPa、2.5MPa、3.5MPa、4.5MPa 和 5.5MPa。通过分析可知：①同一注入压力下，驱替效率从大到小依次为 CO_2、混合气、N_2；②CO_2 最小驱替效率为 84.51%，最大驱替效率为 88.67%，驱替效率和压力无显著的线性关系；③N_2 驱替效率随压力升高先增大后减小，其中 1.5MPa 到 3.5MPa 为驱替效率上升阶段，由 74.3% 升至 80.52%，随后随着注入压力持续增大（从 3.5MPa 升至 5.5MPa）驱替效率显著降低，当 5.5MPa 时，驱替效率仅 61.12%；④混合气的驱替效率随着压力的升高呈现先增大后减小的趋势，但和 N_2 驱替相比，这种变化幅度相对不显著，最大驱替效率 81.01%，最小驱替效率 76.75%。

N_2 在驱替 CH_4 过程中，主要依靠降低煤岩样品裂缝分压改变 CH_4 等温吸附曲线使得部分 CH_4 由吸附态变为游离态，再由后续注入的 N_2 将游离态 CH_4 吹扫出来。因此，当注入压力继续增大后，驱替效率并没有随之增大。不同于 N_2 的驱替效率，CO_2 靠竞争吸附机理驱

替 CH_4，驱替效率在 84.51% ~ 88.67%。最高值为 4.5MPa 时的 88.67%，最小值为 1.5MPa 时的 84.51%，两者相差仅为 4.16%。因此认为在该组核磁驱替实验中，CO_2 注气压力对于驱替效率没有明显影响。由于 N_2 和 CO_2 驱替机理不同，实验中 CO_2 驱替效率要优于 N_2 驱替效率。但是在连续注气方式 3.5MPa 时，N_2 的驱替效率仅比 CO_2 驱替效率低 5.01%，驱替效果同样是显著的。

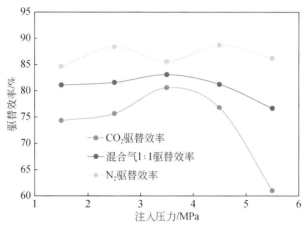

图 5-2　连续注气过程中注气压力和驱替效率关系曲线

图 5-3 为焖井注气方案的实验结果。驱替气体分别为 N_2、CO_2 和混合气（N_2：CO_2 = 1：1）。注气压力依次为 1.5MPa、2.5MPa、3.5MPa、4.5MPa 和 5.5MPa。通过分析可知：①同一注入压力下，驱替效率从大到小依次为 CO_2、混合气、N_2；②随着注气压力升高，N_2 驱替效率先增大后降低，当注入压力为 3.5MPa 时，驱替效率最高为 76.27%；③CO_2 驱替效率随注入压力增大缓慢减小，从 1.5MPa 时的 85.74% 下降至 5.5MPa 时的 82.27%，两者相差 3.47%，总体变化幅度不大；④混合气体驱替效率变化趋势先增大后降低，1.5MPa 时驱替效率 82.24%，随后持续增长，在 3.5MPa 时驱替效率达到最高，为 84.02%，之后逐渐下降，最低值为 5.5MPa 时的 74.93%。实验结果与连续注气条件下的驱替效率基本相同。

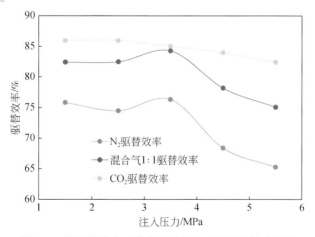

图 5-3　采用焖井方式注气驱替压力-驱替效率对比图

对 N$_2$ 不同注入方式下的压力和驱替效率进行对比，结果如图 5-4 所示。结果表明：除了注入压力为 1.5MPa 和 5.5MPa，连续注气时的驱替效率都较焖井注气时高，其中当注入压力为 4.5MPa 时，两者相差 8.47%。当注入压力为 3.5MPa 时，两种注气方式下的 N$_2$ 驱替效率均最高，分别为 80.52% 和 76.27%。随着注入压力的增大，两种注气方式的驱替效率呈现先增大后减小的趋势。这是因为 N$_2$ 驱替机理是通过 N$_2$ 吹扫降低煤岩样品裂缝中的分压，从而解吸部分吸附态 CH$_4$，而焖井注气后 N$_2$ 在孔隙中几乎不流动，不利于降分压，因此焖井时间越长，驱替效率越低。

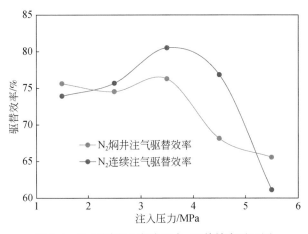

图 5-4　N$_2$ 不同注入方式压力–驱替效率对比图

对 CO$_2$ 不同注入方式下的压力和驱替效率进行对比，结果如图 5-5 所示。结果表明：连续注气下，驱替效率随注入压力增大有小幅波动。焖井注气方式下，驱替效率缓慢下降，但整体浮动不大，其驱替效率相差约 4.8%。由于核磁共振仪内样品室空间有限，所测样品仅为直径 2.5cm、长 4.8cm 的圆柱体，CO$_2$ 进入煤样后能够迅速完成置换吸附反应，因此改变注气方式或注气压力对其驱替效率影响不大。

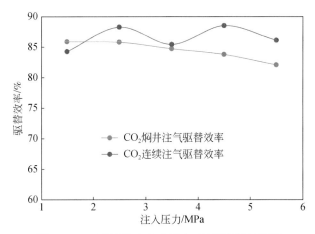

图 5-5　CO$_2$ 不同注入方式压力–驱替效率对比图

对混合气体不同注入方式下的压力和驱替效率进行对比,结果如图 5-6 所示。结果表明:当注气压力为 1.5MPa 至 3.5MPa 时,焖井注气驱替效率高于连续注气效率。当注气压力大于 3.5MPa 后,连续注气下驱替效率较焖井注气高。无论是哪种注气方式,均在 3.5MPa 时驱替效率最高。

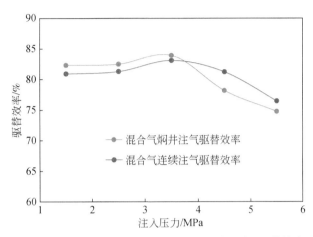

图 5-6　混合气（N_2:$CO_2 = 1$:1）不同注入方式压力–驱替效率对比图

5.1.5　经济性评价

除了驱替效率,现场开采还需考虑经济效益,即驱替比,是指驱替 1 体积的 CH_4 需要注入多少体积的气体。

$$r = \frac{10000}{V_{gas}} \times 100\% \qquad (5-14)$$

式中,r 是驱替比;V_{gas} 是驱替 1 体积 CH_4 气体所需的驱替气体体积,mL。驱替比越大,说明所用驱替气体越少,经济效益越好。

将 N_2、CO_2 和混合气（N_2:$CO_2 = 1$:1）连续注气方式下的驱替比进行对比,如图 5-7 所示,驱替比大小顺序为 N_2>混合气>CO_2,说明驱替相同体积的 CH_4,所需用 N_2 的量最少,混合气次之,CO_2 用气量最多。注入压力为 1.5MPa 时,三种气体驱替比均最高,N_2 驱替比为 107.57%,混合气为 66.22%,CO_2 为 41.16%。注入压力为 5.5MPa 时,此三种气体驱替比均最低,分别为 75.56%、41.84% 和 21.11%。由于注入压力越大,注入的气体体积越多,但所能置换出的 CH_4 体积是有限的,因此无论 N_2 或者 CO_2 驱替比都会逐渐降低。比较在 3.5MPa 时,N_2 驱替比为 87%,CO_2 为 29.51%,即驱替 1 体积 CH_4 时,所消耗的 N_2 量仅为 CO_2 的 34%。在工业中,由于空气中约 78% 为 N_2,因此使用空气作为气源进行在线制氮非常方便,其经济性明显优于 CO_2。

将 N_2、CO_2 和混合气（N_2:$CO_2 = 1$:1）焖井注气方式下的驱替比进行对比,如图 5-8 所示,驱替比大小关系为 N_2>混合气>CO_2。但整体驱替比均低于同压力下的连续注气方式。注入压力为 1.5MPa 时,N_2、混合气和 CO_2 的驱替比分别为 28.19%、27.65% 和

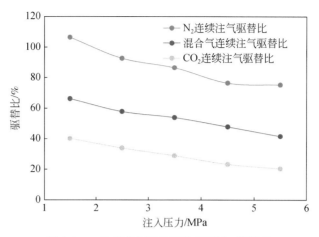

图 5-7　N₂ 和其他气体连续注气压力–驱替比

24.92%，注入压力为 5.5MPa 时，N₂ 和另两种气体的驱替比分别为 11.91%、11.12% 和 9.61%。这是因为焖井注气过程中，注入气体由两部分组成，一是提前注入煤岩中进行焖井的气体，二是焖井结束后用于吹扫驱替的气体。虽然后者的气体体积与连续注气所需气体体积相差不大，但用于焖井的气体体积较后者更大，因此两者相加后焖井所需要的注入气体更多。

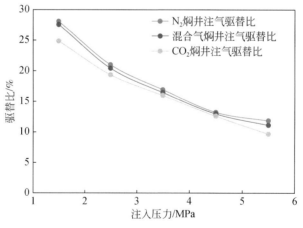

图 5-8　N₂ 和其他气体焖井注气压力–驱替比

　　将 N₂ 在连续注气和焖井注气下的驱替比进行对比，如图 5-9 所示，由于焖井注气需要提前注入 N₂ 等待置换反应，再使用 N₂ 进行吹扫，因此需要使用更多的 N₂。事实上，实验过程中连续注气方式下不同压力下驱替 CH₄ 所需的 N₂ 气体平均体积为 1398.68mL，而焖井注气方式下的平均用气量为 3890.45mL，后者平均用气量是前者的 2.78 倍。因此驱替同体积的 CH₄，连续注气下所需 N₂ 体积远小于焖井注气所用气量。

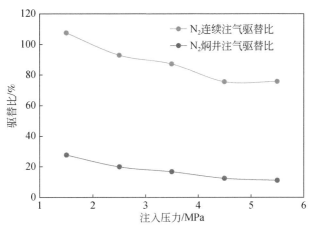

图 5-9 N$_2$两种注气方式驱替压力–驱替比

5.2 基于填砂管的注气实验

5.2.1 实验材料及装置

实验采用自行设计的驱替实验装置，整个系统由注气系统、填砂管样品室系统、中间容器配气系统、抽真空系统、温度控制系统、排水采气系统和气相色谱分析气体浓度系统组成。注气驱替实验装置示意图如图5-10所示。具体由以下7个系统构成。

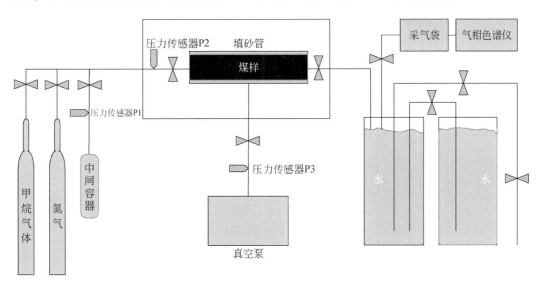

图 5-10 注气驱替实验装置示意图

（1）注气系统：注气系统以六通阀为中间装置，连接 CH$_4$ 气瓶、驱替气瓶、真空泵和填砂管，留出一个空阀门以备管线放气、采样袋抽真空使用。

（2）填砂管样品室系统：样品室选用长 100cm、内直径 4cm 并带有七个接口的耐压耐腐蚀填砂管，清洗干净并烘干，确保接口没堵塞，通气良好，并进行气密性测试，确保填砂管气密性良好。实验煤样选取物性好、矸石少的煤岩，使用粉碎机进行粉碎，然后用不同目数筛子筛选出 10～120 目的煤粒按一定比例混匀装入填砂管中，调节液压仪至 30MPa，把混合均匀的煤样压实到长 100cm、直径 4cm 的填砂管中，煤样装满后，再次测量填砂管气密性，确保气密性良好，然后把填砂管放入恒温箱中，打开七个接口，调节恒温箱温度至 80℃，烘干煤样 12h。最后，取出烘干的填砂管，注入低压非吸附性气体氦气，利用皂泡流量计法测出填砂管渗透率，测试结果填砂管渗透率为 2.5mD，符合实验要求。

（3）中间容器配气系统：配气系统使用两个 500mL 的中间容器，一个连接 CH_4 气瓶与填砂管，一个连接驱替气瓶与填砂管。连接 CH_4 气瓶的目的是当煤样饱和 CH_4 时，计算煤样饱和需要的 CH_4 体积；连接驱替气瓶的目的一是计算间歇驱替气体体积，二是间歇驱替时控制间歇量有充分的间歇时间。

（4）抽真空系统：在填砂管的顶部、尾部和中间位置连接真空泵，每次实验首先对填砂管抽真空 24h。采气袋采气测试结束后，使用真空泵把采气袋抽真空，以备下次使用。

（5）温度控制系统：实验温度控制系统为重庆汉巴恒温箱，量程 0～160℃，煤样抽真空时为了气体解吸速度快，温度控制在 80℃，驱替 CH_4 时，温度控制在 33℃，和地层温度保持一致。

（6）排水采气系统：排水采气系统由两个 10L 的大气瓶、两个大水桶、两个大烧杯、电子天平、采样袋和潜水泵组成。首先，打开出气口，自然排放出填砂管煤样中的游离 CH_4 至气瓶，打开气瓶出口阀门，使排出的水流入放在天平上的量筒中，每隔 40s 读取一次质量读数并记录，直至两次质量读数相差小于 10g，关闭填砂管出气口，假定填砂管中的游离态 CH_4 已排完，记录流出水总质量，除以水的密度，计算出排出 CH_4 的体积，利用水桶中的潜水泵给排出水的气瓶加满水。实验采用的采气袋最大容量为 4L，给大气瓶标定 4L 刻度线，驱替实验时，当气体到达气瓶 4L 刻度线时，关闭气瓶进气口，让气体进入另一个气瓶中，迅速给含有 4L 气体的气瓶接上采气袋，使用潜水泵给气瓶注水，把气体全部挤入抽过真空的采气袋中，关闭采气袋，以备检测，如此循环，直至驱替实验结束。

（7）气相色谱分析气体浓度系统：实验气相色谱仪使用河南英特电气设备有限公司生产的 PG610-P 泵吸式气体检测报警仪，其可以检测 CH_4、CO、SO_2 等气体的质量浓度以及体积浓度，本次实验选取的是测量 CH_4 的体积浓度。

5.2.2　实验原理

1. 实验用气及驱替方式

实验采用 5 种气体，分别为 N_2、CO_2 和三种不同比例混合气（CO_2：N_2 = 1：1，CO_2：N_2 = 1：4，CO_2：N_2 = 1：9）。采用连续注气（控制注气压力）和间歇注气（控制段塞量和间歇时间）两种不同注气驱替方式。

2. 驱替实验基本原理

煤对气体的吸附性 $CO_2 > CH_4 > N_2$。CO_2 到达煤体表面时，吸附能大于 CH_4 吸附能，与煤体表面结合的能力更强，可将 CH_4 分子置换出它的吸附位，发生分子置换，使 CH_4 解吸。N_2 进入煤层通过分压作用，打破原始压力平衡达到新的压力平衡，促使 CH_4 解吸，N_2 也可使煤层渗透率变大，利于煤层气渗流至井口。

3. 实验计算过程

（1）不同温度压力条件下，CH_4 压缩因子计算公式同式（5-1）、式（5-2）、式（5-3）。

（2）中间容器 CH_4 气态平衡公式：

$$P_1V_1 = Z_1nRT \tag{5-15}$$

中间容器中 CH_4 饱和填砂管中煤样后气态平衡公式：

$$P_2(V_1+V_2) = Z_2nRT \tag{5-16}$$

由式（5-15）和式（5-16）可得

$$V_2 = \frac{(Z_2P_1 - Z_1P_2)V_1}{Z_1P_2} \tag{5-17}$$

式中，P_1 为中间容器初始 CH_4 压力，MPa；V_1 为中间容器体积，mL；Z_1 为中间容器中初始 CH_4 压缩因子；n 为初始中间容器中 CH_4 物质的量，mol；R 为热力学常数，（8.31441±0.00026）J/(mol·K)；T 为热力学温度，K；P_2 为中间容器和填砂管中煤样 CH_4 饱和时压力，MPa；V_2 为填砂管中孔隙体积，mL；Z_2 为中间容器和填砂管中煤样 CH_4 饱和时 CH_4 压缩因子。

（3）填砂管中 CH_4 体积转化为标准状况下的体积：

$$P_2V_2 = Z_2n_1RT \tag{5-18}$$

$$P_3V_3 = Z_3n_1RT \tag{5-19}$$

$$V_3 = \frac{Z_3P_2V_2}{Z_2P_3} \tag{5-20}$$

式中，n_1 为填砂管中 CH_4 物质的量，mol；P_2 为标准状况下气体压力，0.1MPa；P_3 为填砂管中饱和 CH_4 后的压力，MPa；V_3 为标准状况下 CH_4 气体体积，mL；Z_3 为标准状况下 CH_4 气体压缩因子，1。

（4）填砂管中排出游离气后剩余 CH_4 体积：

$$V_4 = V_3 - V_5 = V_3 - \frac{m_1}{\rho_1} \tag{5-21}$$

式中，V_4 为填砂管中排出游离气后剩余 CH_4 体积，mL；V_5 为游离 CH_4 体积，mL；m_1 为游离 CH_4 气体排出水的质量，g；ρ_1 为水的密度，g/cm³。

（5）驱替出的 CH_4 体积：

$$V_6 = V_7 \cdot \eta_1 \tag{5-22}$$

式中，V_6 为驱替出的 CH_4 体积，mL；V_7 为采气袋采到的气体总体积，mL；η_1 为采气袋中

CH_4 体积浓度,%。

（6）驱替效率 η 计算：

$$\eta = \frac{V_6}{V_4} \times 100\% \qquad (5\text{-}23)$$

式中，η 为驱替效率。

5.2.3 实验步骤

（1）打开填砂管的三个接口，连接真空泵，设置恒温箱温度为80℃，抽真空24h。

（2）关闭恒温箱温度控制系统，打开恒温箱，冷却填砂管3h至室温，设置恒温箱温度为33℃，关闭恒温箱，恒温静置2h，关闭真空泵。

（3）从 CH_4 气瓶给中间容器注入5.0MPa纯度为99.9%的 CH_4，等压力恒定后，打开中间容器与填砂管中间的阀门，使 CH_4 进入装有煤样的填砂管中，饱和12h，压力基本会稳定在2.5MPa（现场煤层储气压力为2.5MPa）左右。

（4）利用排水采气法排出填砂管中的游离气，使用装满水的气瓶收集，测量排出水的体积。

（5）利用气瓶气体注气驱替煤样中 CH_4 气体，采用排水采气法收集气体，用潜水泵把气体压入气体采样袋中并灌满气瓶水。

（6）使用便携式气相色谱仪测量采样袋中 CH_4 气体体积浓度，计算驱替出 CH_4 体积，最终计算注气驱替效率。

（7）改变气体种类以及驱替方式，重复实验。

5.2.4 驱替效率对比分析

5种气体连续恒压驱替效率曲线如图5-11所示。N_2 驱替效率先增大后减小，压力为

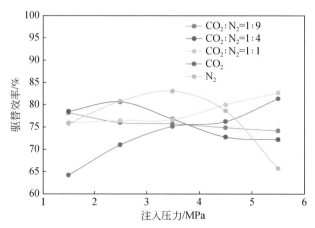

图5-11　5种气体恒压连续驱替压力–驱替效率对比图

3.5MPa 时的驱替效率最高，因为当压力较小时，N_2 流动速度慢，分压效果不好，当压力过大时，由于 CH_4 吸附性大于 N_2，更多的 CH_4 吸附在煤体表面，不利于 CH_4 解吸；随驱替压力增加，CO_2 驱替效率一直增加，且增加明显，因为 CO_2 吸附性强于 CH_4，压力越大，竞争吸附越明显，越有利于 CH_4 解吸；三种混合气驱替效率居于 N_2 和 CO_2 之间，CO_2 含量越大，驱替效率越接近于 CO_2 驱替。

N_2 连续恒压驱替和间歇 2h 的驱替效率如图 5-12 所示。同一压力下，N_2 恒压驱替效率高于间歇驱替效率，原因是煤岩对 CH_4 的吸附性强于 N_2，间歇分压驱替过程中解吸的部分 CH_4 在重新平衡后又会再次吸附在煤岩上，而连续恒压驱替可以把解吸的 CH_4 及时驱替出来，从而导致 N_2 恒压驱替效率高于间歇驱替效率。

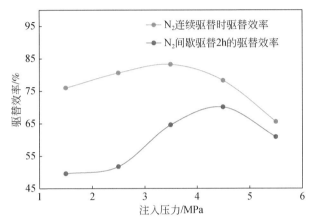

图 5-12　N_2 连续和间歇驱替压力和驱替效率对比曲线

压力为 4.5MPa，N_2 和 CO_2 连续驱替（间歇时间为 0h）与间歇驱替（间歇时间为 1h、2h 和 3h）的驱替效率曲线如图 5-13 所示。N_2 间歇驱替效率低于恒压驱替效率，CO_2 间歇驱替效率高于恒压驱替效率；同一压力下，N_2 间歇驱替效率整体低于 CO_2，且间歇时间越久，N_2 驱替效率越低，CO_2 驱替效率越高，因为吸附性 $CO_2 > CH_4 > N_2$，间歇时间越久，煤岩中气体竞争吸附越久，置换作用越明显。

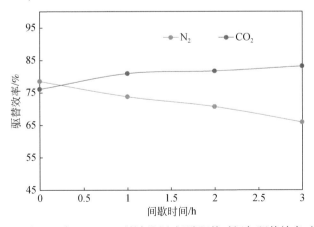

图 5-13　N_2 和 CO_2 在 4.5MPa 下的恒压和间歇驱替时间与驱替效率对比曲线

压力为 2.5MPa，三种不同比例混合气连续驱替（间歇时间为 0h）与间歇驱替（间歇时间为 1h、2h 和 3h）的驱替效率曲线如图 5-14 所示。混合气恒压驱替效率低于间歇驱替效率；混合气间歇驱替时，随着间歇时间增加，三种混合气驱替效率小幅度增加；混合气中 N_2 含量越高，间歇驱替效率越低。混合气间歇驱替时，三种气体在煤基质上发生竞争吸附，CO_2 强吸附性起到置换 CH_4 的作用，N_2 分压解吸起到次要置换 CH_4 作用。

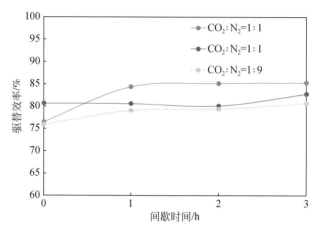

图 5-14　混合气在 2.5MPa 下的恒压和间歇驱替时间与驱替效率对比曲线

5.2.5　驱替置换比分析

驱替置换比是指多少体积的气体可以置换驱替出一个体积的 CH_4，即置换比越小，需要的气体量越少，置换率越高。

5 种气体连续恒压驱替置换比如图 5-15 所示。置换比排序为：CO_2<混合气（CO_2：N_2=1：1）<N_2<混合气（CO_2：N_2=1：4）<混合气（CO_2：N_2=1：9）；CO_2 驱替置换比最小，且压力对其置换比影响不大，混合气（CO_2：N_2=1：9）置换比最高，N_2 处于 5 种气体置换比中间位置。

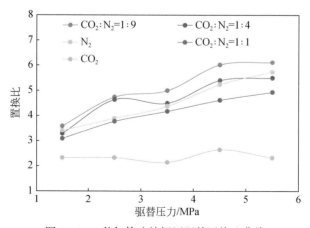

图 5-15　5 种气体连续恒压驱替置换比曲线

　　N_2 恒压和间歇驱替置换比如图 5-16 所示，N_2 恒压连续驱替置换比总体小于间歇驱替。N_2 主要通过分压作用置换驱替 CH_4，恒压驱替时，CH_4 可以及时地被驱替出，而间歇驱替时，分压置换的 CH_4 不能被及时驱替出，造成新的吸附平衡，所以间歇驱替需要更多的 N_2 才可以达到和恒压驱替相同的效果。

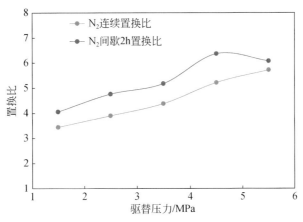

图 5-16　N_2 恒压和间歇驱替置换比曲线

　　压力为 4.5MPa，N_2 和 CO_2 恒压连续驱替（间歇时间为 0h）与间歇驱替（间歇时间为 1h、2h 和 3h）的置换比曲线如图 5-17 所示。N_2 间歇驱替置换比高于恒压连续驱替置换比；CO_2 驱替置换比变化不大，恒压连续驱替置换比略高于间歇驱替置换比，因为恒压连续驱替时，少量 CO_2 未及时吸附在煤体上已经被采出，而间歇驱替时，CO_2 有充足的时间发生竞争吸附置换 CH_4，导致 CO_2 恒压驱替效率低于间歇驱替效率。N_2 间歇驱替置换比高于恒压驱替置换比，CO_2 驱替置换比远小于 N_2，表明 CO_2 置换效率远大于 N_2。

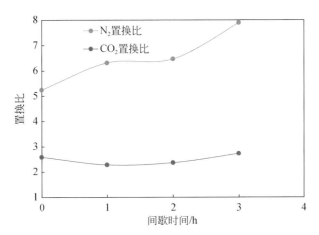

图 5-17　N_2 和 CO_2 4.5MPa 恒压连续驱替和间歇驱替置换比曲线

　　压力为 2.5MPa，三种不同比例混合气连续驱替（间歇时间为 0h）与间歇驱替（间歇时间为 1h、2h 和 3h）的置换比曲线如图 5-18 所示。混合气驱替时，同一间歇时间下，混

合气中 N_2 含量越高，置换比越高，CH_4 置换率越低；同一种混合气，间歇驱替和恒压驱替置换比相差幅度不大，因为吸附置换速度都是瞬间的，CO_2 利用本身强吸附性置换解吸出 CH_4，使 CH_4 很难重新吸附到煤体中，恒压和间歇驱替的 CH_4 都可以顺利地被采出，所以间歇驱替和恒压驱替置换比相差幅度不大。

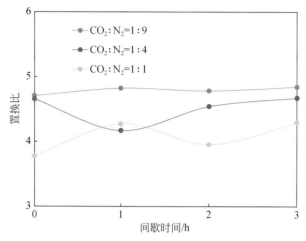

图 5-18　不同比例混合气恒压连续驱替和间歇驱替置换比曲线

5.2.6　驱替渗透率结果分析

储层低渗透率是制约我国煤层气产业规模化开发利用的一个重要因素，研究注入气体后煤岩渗透率的变化情况对于注气开采我国煤层气至关重要。

填砂管中 5 种气体连续恒压驱替过程中渗透率变化情况如图 5-19 所示。随着驱替压力增加，N_2 渗透率逐渐降低，其他 4 种气体渗透率先减小后增加，整体渗透率呈现以下趋势：N_2>混合气（CO_2：N_2=1：9）>混合气（CO_2：N_2=1：4）>混合气（CO_2：N_2=1：1）

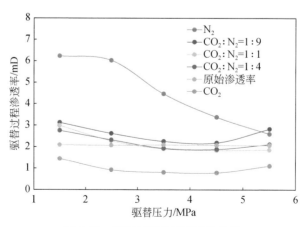

图 5-19　不同气驱渗透率对比曲线

>CO_2。与原始渗透率相比，N_2可起到增渗作用，CO_2进入煤体，会使煤体吸附膨胀，阻碍渗流通道，致使煤体渗透率降低，而 N_2 正好相反，分压解吸出煤体中吸附的甲烷，煤体收缩，渗流通道变大，致使煤体渗透率增加。

5.2.7　吸附量随注入压力变化特征

在驱替实验过程中，可以获得在不同压力、不同注入方式和不同注入气体条件下填砂管中 CH_4 与驱替气体的吸附量。通过掌握吸附量的变化规律，能够解释为何在煤层中注入 CO_2 驱替 CH_4 会导致煤层渗透率下降，而注 N_2 则能够提高渗透率，对于大佛寺 4 号煤层低渗特点，注气后渗透率的动态变化显得尤为重要，掌握气体吸附量随压力的变化规律为优选注入气体种类提供了重要的参考依据。

在连续注气条件下，首先将 N_2 作为驱替气体对填砂管中 CH_4 进行驱替，记录不同注入压力下 N_2 和 CH_4 的吸附量，如图 5-20 所示。随着注入压力的升高，N_2 残留在填砂管中的吸附量缓慢增加，CH_4 吸附量先减小后增大，由 1.5MPa 时的 $11.21cm^3/g$ 到 5.5MPa 时的 $15.17cm^3/g$，3.5MPa 时最低，为 $9.62cm^3/g$。这是由于在 N_2 驱替 CH_4 的过程中，在注入压力小于 3.5MPa 时，越来越多的 CH_4 由吸附态变为游离态被排出，N_2 代替 CH_4 吸附于煤样上，因此 CH_4 吸附量变小而 N_2 吸附量增大。而当注入压力大于 3.5MPa 之后，N_2 吸附于煤样上的量继续增大，而由于驱替效率逐渐降低，被驱替出的 CH_4 量减少，相对地吸附于煤样上的 CH_4 增加。

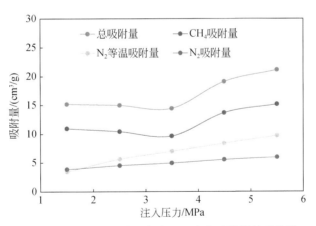

图 5-20　N_2 和 CH_4 连续注气注入压力和吸附量关系曲线

随着注入压力上升，总吸附量呈现先减小后增大的趋势，由 $15.222cm^3/g$ 降至 $14.397cm^3/g$ 又升至 $20.969cm^3/g$。说明注入压力为 3.5MPa 时，注 N_2 驱替 CH_4 不会造成煤样堵塞现象。此外再对比填砂管注气驱替实验中得到的 N_2 吸附量变化与在等温吸附仪上所测得的 10~20 目（与填砂管注气驱替实验所用煤目数一致）N_2 的等温吸附曲线，发现前者吸附量增幅更加缓慢，这是由于在排水采气实验中，煤样中同时存在 N_2 和 CH_4 两种气体，在驱替的过程中只有当驱替走一部分 CH_4 之后 N_2 才有可能吸附于煤样上，而后者是

N_2直接与煤发生置换反应。

保持连续注气条件不变，将驱替气体改为CO_2，对填砂管中CH_4进行驱替，记录不同注入压力下CO_2和CH_4的吸附量，如图5-21所示。可以看到CO_2吸附量随着注入压力增大而显著增大，由1.5MPa时14.397cm^3/g升至5.5MPa时的35.629cm^3/g。CH_4吸附量由1.5MPa时的10.009cm^3/g降至5.5MPa时的7.975cm^3/g。表明CO_2注入煤样后，与煤样的竞争吸附较N_2与煤样的置换吸附更为明显，导致更多的CH_4被排出，因此测得吸附于煤中的CH_4吸附量较N_2作为驱替气体时要小，这与N_2驱替效率低于CO_2驱替效率的结果相一致。

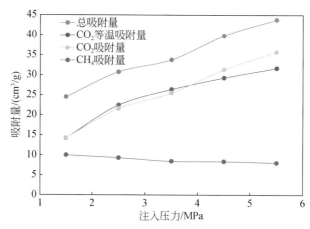

图5-21　CO_2和CH_4连续注气注入压力和吸附量关系曲线

与N_2不同，注CO_2会导致煤层渗透率下降，裂缝变窄，可以从图中的总吸附量变化看出，随着注入压力的增大，总吸附量增大，由1.5MPa时的24.622cm^3/g增大至5.5MPa时的43.604cm^3/g。此外对比填砂管注气驱替实验中得到的CO_2吸附量变化与在等温吸附仪上所测得的10～20目CO_2的等温吸附曲线，3.5MPa之前两者的变化趋势和增长幅度并无明显差异，3.5MPa之后驱替实验吸附量大于等温吸附仪数据，这是由于CO_2较强的竞争吸附使得CO_2的吸附量不会受到其他气体的影响。

综上所述，在连续注气下，当注入气体为N_2时，驱替实验结束后，残留在填砂管中的气体总吸附量随着注入压力先减小后增大，增幅缓慢。CO_2作为驱替气体时，气体总吸附量随着注入压力升高而快速增大。当3.5MPa时，CO_2在实验后残留在填砂管中的气体吸附总量为N_2的2.34倍，因此从气体总吸附量的分析能够验证N_2驱替煤层气对煤层有增渗作用，而注入CO_2容易导致煤层堵塞。

连续注气条件下，将混合气体（N_2：CO_2=1：1）作为驱替气体，其与CH_4的吸附量变化过程如图5-22所示。总吸附量在注入压力大于3.5MPa后快速增大，达到26.383cm^3/g，混合气体吸附量随注入压力增大而缓慢增大。

选择焖井注气方式，对N_2和CH_4吸附量进行对比，如图5-23所示。N_2吸附量先缓慢增大后缓慢减小，这是由于在焖井过程中（2h），注入压力增大导致裂缝分压变大，从而改变了N_2和CH_4的等温吸附曲线，虽然在等温吸附实验中测得的N_2等温吸附曲线随着压

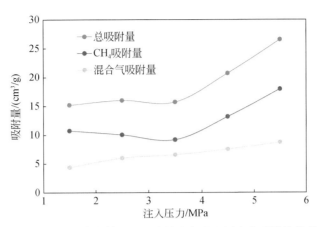

图 5-22 N_2 和 CO_2 混合气体和 CH_4 连续注气注入压力和吸附量关系曲线

力增大吸附量增大，但是只有 N_2 和煤参与反应。在焖井过程中，不仅有 N_2 还有 CH_4，随着压力增大，煤对 CH_4 吸附量也在增大，显然 N_2 的吸附能力没有 CH_4 强，所以导致随着注入压力增大，N_2 的吸附量先增大后减小。相应的，图中 CH_4 吸附量随着压力升高先减小后增大。随着注入压力上升，CH_4 的吸附量呈现先减小后增大的趋势，由 $16.5cm^3/g$ 降至 $11.594cm^3/g$ 又升至 $20.773cm^3/g$。对比 N_2 吸附量变化与 N_2 等温吸附曲线，前者吸附量小于后者，说明 CH_4 会影响 N_2 的吸附量。

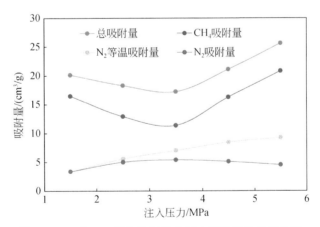

图 5-23 N_2 和 CH_4 焖井注气注入压力和吸附量关系曲线

总吸附量亦随着压力增大呈现先减小后增大的趋势，由 $20.124cm^3/g$ 降至 $17.189cm^3/g$ 又升至 $25.531cm^3/g$。相较于连续注气情况下，焖井注气后残留在管中的气体更多。由此分析，对于 N_2，连续注气方式优于焖井注气。

焖井注气方式将 CO_2 作为驱替气体，比较其与 CH_4 的吸附量变化，如图 5-24 所示。从图中可以看到，CO_2 吸附量随着压力增大显著增大。CH_4 吸附量在各个压力下均低于 CO_2 吸附量，且变化不明显。因为相对于 CH_4，CO_2 拥有比较强的吸附性，在焖井过程中，给予 CO_2 更多的时间渗入煤样裂缝中，进行充分的竞争反应。因此相较于连续注气下，焖井

能够替换出更多 CH_4，这点从对比 CO_2 在两种注气方式下 CH_4 的吸附量能够看出。正是因为如此，焖井注气下 CO_2 驱替效率高于连续注气方式。

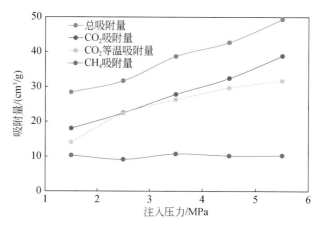

图 5-24　CO_2 和 CH_4 焖井注气注入压力和吸附量关系曲线

总吸附量随着压力增大而增大，5.5MPa 时吸附量最大，为 48.841cm^3/g，1.5MPa 时吸附量最小，为 28.463cm^3/g。相较于 5.5MPa 同气体条件下连续注气的 43.604cm^3/g 高 5.237cm^3/g。说明对于 CO_2，尽管焖井注气驱替效率高，但同时会吸附更多的 CO_2，更容易造成裂缝堵塞发生，不适用于低渗煤层煤层气开采。

焖井注气条件下，将混合气体（N_2∶CO_2=1∶1）作为驱替气体，其与 CH_4 的吸附量变化过程如图 5-25 所示。混合气体吸附量随压力增大变化不明显，CH_4 吸附量先减小后快速上升，总吸附量在注入压力大于 3.5MPa 后快速增大，达到 24.135cm^3/g，与同条件下连续注气的总吸附量基本一致。可以看到对于混合气体来说，不同的注气方式对总吸附量变化影响不大。

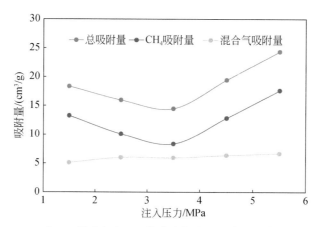

图 5-25　N_2 和 CO_2 混合气和 CH_4 焖井注气注入压力和吸附量关系曲线

将 N_2 和 CO_2 两种注入气体在连续注气和焖井注气下，不同注入压力驱替 CH_4 实验后填砂管中该气体的吸附量做对比，如图 5-26 所示。从图中可以看到，N_2 在两种注气方式下，吸附量随着注入压力增大而缓慢上升，说明 N_2 在驱替 CH_4 过程中，绝大部分 N_2 是随着 CH_4 排出了填砂管而非吸附于管中煤粉表面。CO_2 在两种注气方式的吸附量则随着注入压力增大而增大，增幅明显大于 N_2 吸附量，说明 CO_2 在驱替 CH_4 过程中，大部分 CO_2 会取代 CH_4 吸附于煤粉表面，且注入压力越大，吸附量越大。这也是为何注 CO_2 会导致煤层渗透率下降的原因。注意到当注入压力为 3.5MPa 时，连续注气 N_2 吸附量为 4.779cm³/g，CO_2 吸附量为 25.284cm³/g，后者吸附量约为前者的 5.29 倍。焖井注气 N_2 吸附量为 5.593cm³/g，CO_2 吸附量为 27.605cm³/g，后者吸附量约为前者的 4.94 倍。

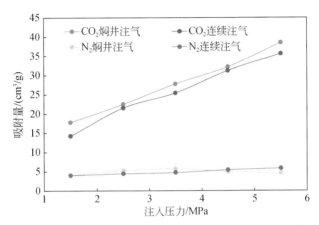

图 5-26　两种注气方式下 N_2 和 CO_2 注入压力和吸附量关系曲线

5.3　本 章 小 结

　　自行设计搭建了实验装置，分别进行了核磁共振仪注气驱替煤层气的实验研究和填砂管注气驱替煤层气的实验研究，探究了不同注气压力、气体种类、注气方式等工艺参数下的驱替效率，优化出合理的注气方案，为后期现场施工提供参考依据。结果表明随 N_2 驱替压力升高，驱替效率先增后减，置换效率越来越差，煤体渗透率越来越低，但仍高于原始渗透率；随 CO_2 驱替压力升高，驱替效率增加，置换效率变化不大，煤体渗透率先降后升，整体低于原始渗透率；N_2 连续驱替效率优于间歇驱替，CO_2 连续驱替效率差于间歇驱替。

第6章 基于数值模拟增产工艺参数优化分析

选用了 COMSOL 5.2 数值模拟仿真软件来模拟 N_2 驱替 CH_4 室内实验的过程。COMSOL 多物理场仿真软件是以有限单元法为基础，通过求解偏微分方程（单场）或偏微分方程组（多元）来实现真实物理现象的仿真模拟。其中，有限单元法的求解思路是将所设定的模拟对象划分成为有限个不重叠的单元，通过选取每个单元中合适的节点作为函数求解时的插值点，使得微分方程中的变量可以表示为各变量的函数表达式，最后根据变分原理以及加权余量法，通过变形协调条件进行综合求解。

6.1 有限元数学模型

6.1.1 基本假设

N_2 驱替煤层中的 CH_4 是一个相对复杂的过程，涉及 N_2 和 CH_4 这两种气体的吸附、解吸、扩散等多物理过程，以及工程流体力学、渗流力学等多学科。所以在建模时，为了能够实现复杂的驱替实验过程，做出以下假设[49]：

（1）煤层是含有孔隙和裂隙的双重介质，且煤层中无水存在，其中孔隙、裂隙都是连续性的介质；

（2）模型中的气体都是理想状态下的 N_2 与 CH_4；

（3）在孔隙介质中，N_2 与 CH_4 的扩散符合 Fick 扩散定律，流动符合达西定律，吸附-解吸规律符合 Langmuir 等温吸附方程；

（4）驱替过程处于恒温状态；

（5）模型中气体的流动方向是由进气口到出气口，四周是封闭的。

6.1.2 本构方程

6.1.2.1 达西定律及质量守恒原理

煤体为多孔介质，气体在其中的流动性受到煤体的孔隙率、渗透率及气体密度、黏度及边界条件的影响。这种影响可以用达西定律描述，即：

$$\boldsymbol{u} = -\frac{K}{\mu}\nabla P \tag{6-1}$$

式中，$\boldsymbol{u}$ 为流体速度场矢量，m/s；K 为煤体渗透率，m^2；μ 为气体动力黏度系数，Pa·s；

P 为压强，Pa；∇ 为拉普拉斯算子。

式 (6-1) 描述了气体在多孔介质中的流动速度 u 大小正比于压强梯度 ∇P，方向与梯度方向相反，其比例系数由渗透率 K 和气体动力黏度系数 μ 共同决定。由式 (6-1) 不难看出，煤体的渗透率越高，单位压差所产生的气体流速越快，流体的黏度越大，单位压差所产生的气体流速越慢。

同时，气体在流动过程中保持质量守恒，质量守恒定律可以由瞬态斯托克斯方程描述为

$$\frac{\partial \varepsilon p}{\partial t} + \nabla \cdot (\rho u) = Q_{\mathrm{m}} \tag{6-2}$$

式中，ε 为煤体孔隙率，%；t 为时间，s；ρ 为气体密度，kg/m³；Q_{m} 为质量源项，kg/(m³·s)。

式 (6-2) 中，左边第一项为由于气体密度变化而引起的质量流失，在等温假设下，该项为零。此时，孔隙率和渗透率有相关性，进而可以通过式 (6-1) 来影响气体在多孔介质中的流速。式中左边第二项为由于气体流动而引起的质量流动。式 (6-1) 与式 (6-2) 共同构成了 COMSOL 中 Darcy's Law (达西定律) 模块的本构方程。

鉴于多孔介质中的裂隙的尺寸往往是微米级别的尺度，这种尺度在有限元仿真中难以建立体结构模型。COMSOL 软件中内置了裂隙边界条件，这些裂隙面上的本构方程为方程 (6-1) 和 (6-2) 的修正形式，即：

$$u = -\frac{K_{\mathrm{f}}}{\mu} \nabla_{\mathrm{T}} P \tag{6-3}$$

$$\nabla_{\mathrm{T}} \cdot (d_{\mathrm{f}} \rho u) = d_{\mathrm{f}} Q_{\mathrm{m}} \tag{6-4}$$

式中，K_{f} 为裂缝渗透率，m²；d_{f} 为裂缝厚度，m；∇_{T} 为裂缝切向坐标系下的二维拉普拉斯算子。

6.1.2.2　稀释物质传递

COMSOL 内置的稀释物质传递模块以摩尔浓度为变量，整合了 Fick 定律、对流传递规律，可以用于计算物质在多孔介质中的浓度分布。其本构方程为

$$\frac{\partial (\theta C_i)}{\partial t} + \frac{\partial (\rho_{\mathrm{b}} C_{\rho,i})}{\partial t} + u \cdot \nabla C_i + \nabla \cdot [-D_e \nabla C_i] = S_i \tag{6-5}$$

式中，θ 为气体体积分数，%；C_i 为第 i 种游离气体的摩尔浓度，mol/m³；$C_{\rho,i}$ 为单位密度固体中吸收的第 i 种气体摩尔浓度，mol·m³/kg；$\rho_{\mathrm{b}} = (1-\varepsilon) \rho_{\mathrm{coal}}$ 为煤体总体密度 (考虑煤体孔隙，单位体积煤体的质量)，kg/m³；D_e 为有效扩散系数，m²/s；S_i 为第 i 项气体的源项，mol/(m³·s)。

式 (6-5) 中，左边前两项为由于多种气体 (两种或以上) 竞争吸附而引起的摩尔浓度变化，第三项为由于达西流场带动的气体浓度变化，第四项是由于 Fick 扩散定律而引起的气体浓度变化，右边项为外部通入的第 i 类气体源项。整体来看，式 (6-5) 描述了气体物质的量的守恒定律，在式 (6-5) 中，左边第一项通过 Langmuir 吸附平衡方程体现了 N_2 和 CH_4 两种气体的竞争吸附关系。

6.1.2.3　Langmuir 平衡吸附方程

在数值模拟求解的过程中，需要推导 Langmuir 吸附平衡常数的分压形式和浓度形式之间的关系。

Langmuir 方程的分压形式：

$$\theta_P = \frac{b_P \cdot P}{1 + b_P \cdot P} \tag{6-6}$$

Langmuir 方程的浓度形式：

$$\theta_C = \frac{b_C \cdot C_i}{1 + b_C \cdot C_i} \tag{6-7}$$

式中，θ_P 为分压形式中的吸附百分比，无量纲；θ_C 为浓度形式中的吸附百分比，无量纲；b_P 为吸附平衡常数的分压形式，Pa^{-1}；b_C 为吸附平衡常数的浓度形式，mol^{-1}；P 为气体压强，Pa；C_i 为气体摩尔浓度，mol/L。

查文献可知，在气–固吸附过程中，Langmuir 方程用无量纲量的标准吸附平衡常数 b_A 表示为

分压形式：

$$\theta_P = \frac{b_A \dfrac{P}{P_o}}{1 + b_A \dfrac{P}{P_o}} \tag{6-8}$$

浓度形式：

$$\theta_C = \frac{b_A \dfrac{C}{C_o}}{1 + b_A \dfrac{C}{C_o}} \tag{6-9}$$

式中，P_o 为气体标准状况压力，Pa；C_o 为气体标准状况摩尔浓度，mol/L。

由式（6-6）和式（6-8）可以得到：

$$b_A = b_P P_o \tag{6-10}$$

由式（6-7）和式（6-9）可以得到：

$$b_C = \frac{b_A}{C_o} \tag{6-11}$$

所以，由式（6-10）和式（6-11）可以得到 Langmuir 吸附平衡常数的分压形式和浓度形式的关系为

$$b_C = b_P \frac{P_o}{C_o} \tag{6-12}$$

6.1.2.4　多物理场耦合

基于达西定律和稀释物质传递模块的有限元仿真变量耦合关系可以绘制为如图 6-1 所示的变量耦合框图。图中，过程①为 COMSOL 中的达西定律模块及质量守恒模块所描述的公式（6-1）与公式（6-2）的联立求解过程；过程②为达西定律模块与稀释物质传递过程中的达西流场引起的浓度变化；过程③为 Langmuir 吸附平衡方程描述的 N_2 与 CH_4 的竞争

吸附关系；过程④为由 Langmuir 吸附平衡系数决定的煤体中固体对 N_2 与 CH_4 吸附的摩尔浓度；过程⑤为由 Langmuir 吸附平衡方程联立求解后的游离 N_2 与 CH_4 在达西流场对流作用下引起的浓度变化。

图 6-1 中，边界条件用于描述实验过程中煤体样本驱离过程中的达西压强边界条件；初始条件用于描述煤体中所包含的甲烷初始浓度；控制条件通过浓度源或者质量源的形式耦合入达西定律模块和稀释物质传递模块，用于描述驱离实验过程中对于驱离气体 N_2 的时间控制函数。

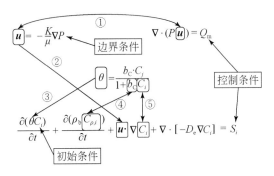

图 6-1　有限元模型变量耦合关系图

6.1.3　几何模型

6.1.3.1　煤体样本几何模型

几何模型的建立所依据主体是填砂管的尺寸，是直径为 38mm，长为 1000mm 的圆柱体，但为了表观优势且易于观察模型，将其尺寸设置为直径为 40mm，长为 1000mm 的圆柱体，如图 6-2 所示。

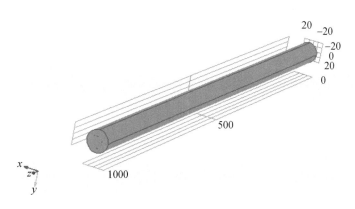

图 6-2　填砂管几何模型图（单位：mm）

6.1.3.2　设定裂缝流的几何模型

在建立设定裂缝流几何模型的这一过程中，所依据的假设条件、数学模型与未设定裂缝流的几何模型一样。

为了更能真实反映 N_2 驱替煤层中的 CH_4 过程，在模型中插入 4 条连通性较好的裂隙，不同的裂隙所在的工作平面不同，如图 6-3、图 6-4 和图 6-5 所示。

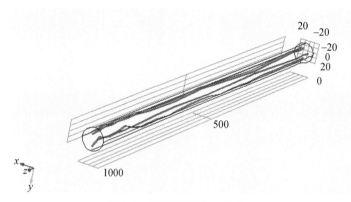

图 6-3　裂隙模型图（单位：mm）

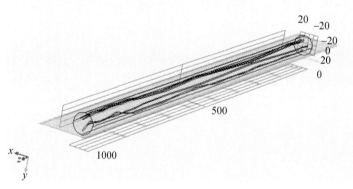

图 6-4　裂隙俯视图（单位：mm）

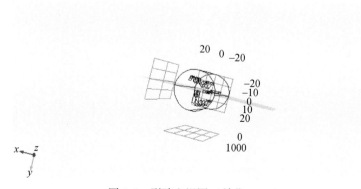

图 6-5　裂隙左视图（单位：mm）

6.1.4 边界条件、初始条件及控制源条件

6.1.4.1 边界条件

如图 6-6 所示，式（6-13）和式（6-14）作用于裂隙面几何结构上。达西方程的压强边界分别作用于煤体样本的入口和出口处，用于模拟抽气过程中的压强控制条件，即：

$$P = P_{in} \tag{6-13}$$

$$P = P_{out} \tag{6-14}$$

由于甲烷是贮存于煤体内部，实验中通过通入 N_2 与 CH_4 竞争吸附而实现 CH_4 驱离的目的。因此对于稀释物质传递模块，入口边界条件为

$$C_{CH_4} = 0 \tag{6-15}$$

$$C_{N_2} = C_{N_2, in} \tag{6-16}$$

出口边界条件为 Outflow，其方程描述为

$$-\boldsymbol{n} \cdot D_e C_i = 0 \tag{6-17}$$

式中，$\boldsymbol{n}$ 为出口截面的法向量。

式（6-17）本质上可以理解为扩散终止条件，即 Fick 定律的作用边界到出口处为止。但出口对于气体流动引起的流量并未进行约束，这意味着，气体的对流作用在出口处仅仅受到达西流场的作用。

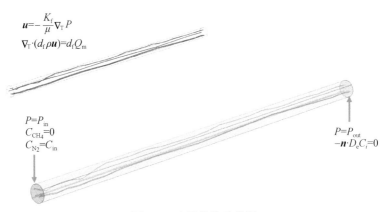

图 6-6 边界条件示意图

6.1.4.2 初始条件

考虑到驱替实验的初始阶段，煤体样本中并无气体内压，因此全部求解域的达西压强场初始条件为

$$P_{t=0} = 0 \tag{6-18}$$

考虑到驱替实验是将煤体样本中贮藏的甲烷通过通入氮气的形式产生竞争吸附，从而实现驱替效果，因此假设稀释物质传递模块的初始阶段甲烷和氮气的浓度分别为

$$C_{CH_4, t=0} = C_{CH_4,0} \qquad (6\text{-}19)$$

$$C_{N_2, t=0} = 0 \qquad (6\text{-}20)$$

式中，下标 $t=0$ 表示初始时刻，$C_{CH_4,0}$ 为标准状况下在煤体样本中贮藏的甲烷体积对应的摩尔浓度。

6.1.4.3　控制源条件

为了有效地模拟不同的驱替实验的氮气通量策略，模型中采用控制流量源的形式模拟不同的驱替方案，其本质为对公式（6-5）中的源项控制。方程表述为

$$S_{N_2} = S_{N_2,0} \cdot Ctr(t) \qquad (6\text{-}21)$$

式中，$S_{N_2,0}$ 为标准状况下通入氮气的体积在煤体样本中的摩尔浓度对时间的导数，$mol/(m^3 \cdot s)$。$Ctr(t)$ 为无量纲函数，用于控制不同的驱替策略。对于连续驱替实验，$Ctr(t)$ 为常数；对于间歇驱替实验，$Ctr(t)$ 为根据驱替策略设置的时间函数。

6.2　基于数值模拟增产工艺参数优化分析

6.2.1　模型求解基本参数

在模型求解过程中，所涉及的基本参数如表 6-1 所示。

表 6-1　模型求解过程中的基本参数

参数名称	数值	单位
煤体密度	1.39×10^3	kg/m^3
裂隙厚度	1	mm
CH_4 标准状况下密度	0.77	kg/m^3
N_2 标准状况下密度	1.25	kg/m^3
CH_4 Langmuir 常数（分压形式）	0.8	MPa^{-1}
N_2 Langmuir 常数（分压形式）	0.46	MPa^{-1}
气体标准状况下浓度	1	mol/L
气体标准状况下压力	0.1	MPa

6.2.2　注气压力工艺参数优化

根据不同的压力变化，分别求解模型中表面压力的分布，CH_4、N_2 浓度的分布。

1. 注气压力为 2.5MPa 时数值模拟结果

注气压力为 2.5MPa 时数值模拟结果如图 6-7、图 6-8、图 6-9 所示。

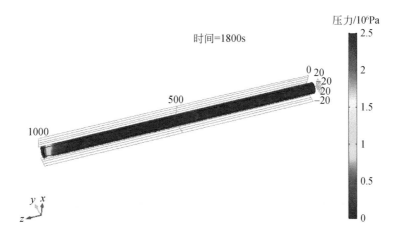

图 6-7　*P*=2.5MPa，模型表面压力变化图

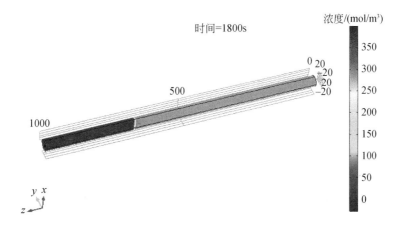

图 6-8　*P*=2.5MPa，CH₄浓度图

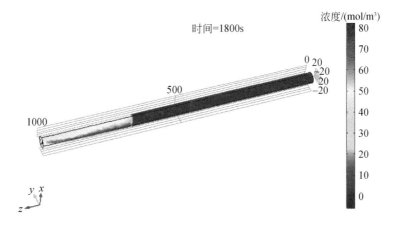

图 6-9　*P*=2.5MPa，N₂浓度图

2. 注气压力为 3.5MPa 时数值模拟结果

与注气压力 $P=2.5$MPa 相似，由图 6-10、图 6-11、图 6-12 可知，在同一时间节点，模型内部 CH_4、N_2 的浓度变化距离依旧大于压力的变化距离，其中前端 CH_4 浓度基本变为 $0mol/m^3$，而 N_2 的浓度变化范围是 $45\sim90mol/m^3$。

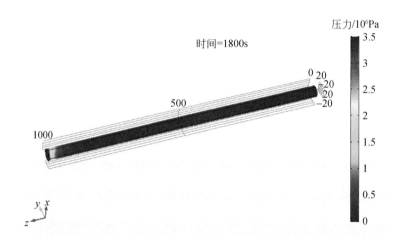

图 6-10　$P=3.5$MPa，模型表面压力变化图

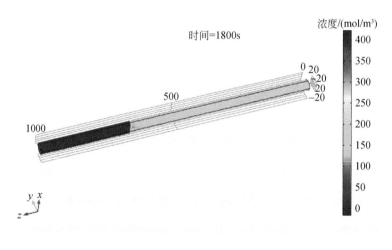

图 6-11　$P=3.5$MPa，CH_4 浓度图

3. 注气压力为 4.5MPa 时数值模拟结果

与注气压力 $P=2.5$MPa 相似，由图 6-13、图 6-14、图 6-15 可知，在同一时间节点，模型内部 CH_4、N_2 的浓度变化距离依旧大于压力的变化距离，其中前端 CH_4 浓度基本变为 $0mol/m^3$，而 N_2 的浓度变化范围是 $50\sim90mol/m^3$。

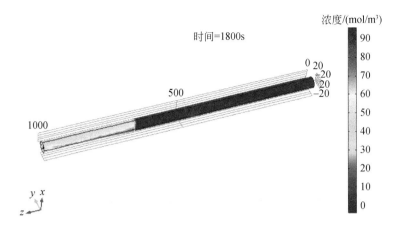

图 6-12　$P = 3.5\,\text{MPa}$，N_2 浓度图

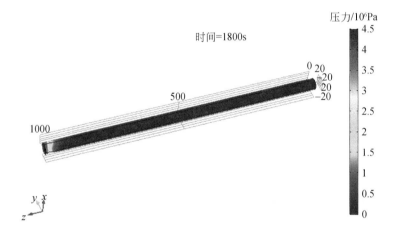

图 6-13　$P = 4.5\,\text{MPa}$，模型表面压力变化图

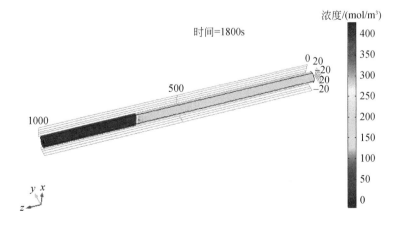

图 6-14　$P = 4.5\,\text{MPa}$，CH_4 浓度图

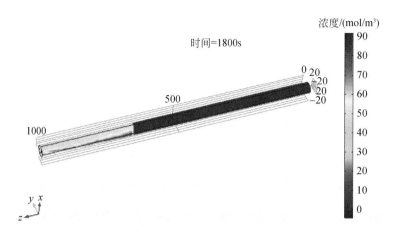

图 6-15　$P=4.5$MPa，N_2 浓度图

4. 注气压力工艺参数优化分析

对于注气压力为 2.5MPa、3.5MPa 和 4.5MPa 时的 CH_4 驱替效率进行绘制，如图 6-16 所示。当注气压力设定为 $P=2.5$MPa 时，所研究对象末端的驱替效率 $\eta=78\%$，在室内实验中，注气压力为 2.5MPa 时的 CH_4 驱替效率为 80.75%；当注气压力设定为 $P=3.5$MPa 时，所研究对象末端的驱替效率 $\eta=80\%$，在室内实验中，注气压力为 3.5MPa 时的 CH_4 驱替效率为 83.01%；当注气压力设定为 $P=4.5$MPa 时，所研究对象末端的驱替效率 $\eta=82\%$，在室内实验中，注气压力为 4.5MPa 时的 CH_4 驱替效率为 85.45%。与数值模拟的结果对比，实验结果的数据符合数值模拟的预期。综上，可以看出，随着压力 2.5~4.5MPa 的逐渐增大，驱替效率也随之由 78% 升至 82%，即驱替效率随着注气压力的增大而提高。

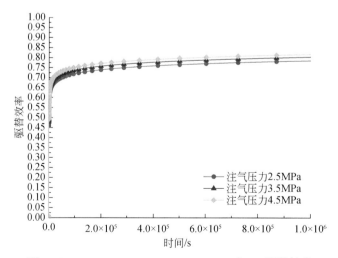

图 6-16　$P=2.5$MPa、3.5MPa、4.5MPa 时 CH_4 驱替效率

为了验证这一结论，利用 COMSOL 数值模拟软件后续模拟了注气压力分别为 5MPa、

6MPa、7MPa、8MPa、9MPa、10MPa、11MPa、12MPa条件下对CH_4驱替效率的影响效果。由图6-17可知，同样地，随着注气压力由5MPa升至10MPa，CH_4驱替效率也由83%升高到87%，与2.5～4.5MPa的驱替效率相对比，其增长率速度变缓。当压力模拟到10MPa之后，CH_4驱替效率基本保持不变，稳定在87%左右。综上所述，确定最终所优化的压力参量为$P_{优}=10MPa$。

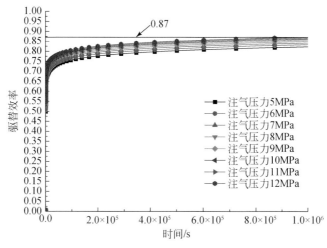

图6-17 $P=5～12MPa$时CH_4驱替效率

6.2.3 注气速度工艺参数优化

根据不同的注气速度，分别求解模型中CH_4、N_2浓度的分布。

1. 注气速度为400mL/min时数值模拟结果

由图6-18、图6-19可知，在同一时间节点，模型前端CH_4浓度基本变为0mol/m³，而N_2的浓度变化范围是40～70mol/m³。

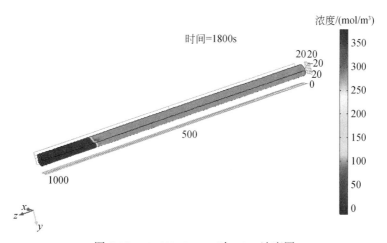

图6-18 $V=400mL/min$时，CH_4浓度图

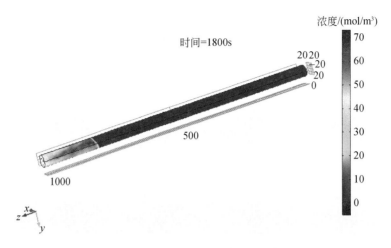

图 6-19　$V=400\mathrm{mL/min}$ 时，N_2 浓度图

2. 注气速度为 600mL/min 时数值模拟结果

与注气速度 $V=400\mathrm{mL/min}$ 相似，由图 6-20、图 6-21 可知，在同一时间节点，模型前端 CH_4 浓度基本变为 $0\mathrm{mol/m^3}$，而 N_2 的浓度变化范围是 $45\sim70\mathrm{mol/m^3}$。

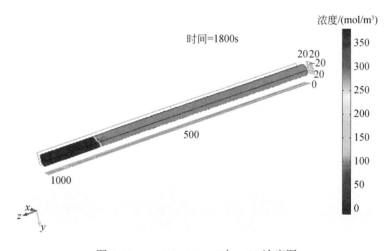

图 6-20　$V=600\mathrm{mL/min}$ 时，CH_4 浓度图

3. 注气速度为 800mL/min 时数值模拟结果

与注气速度 $V=400\mathrm{mL/min}$ 相似，由图 6-22、图 6-23 可知，在同一时间节点，模型前端 CH_4 浓度基本变为 $0\mathrm{mol/m^3}$，而 N_2 的浓度变化范围是 $45\sim78\mathrm{mol/m^3}$。

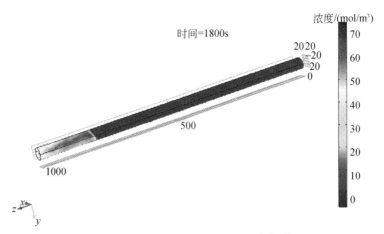

图 6-21　$V = 600\text{mL}/\text{min}$ 时，N_2 浓度图

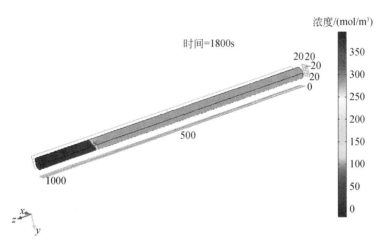

图 6-22　$V = 800\text{mL}/\text{min}$ 时，CH_4 浓度图

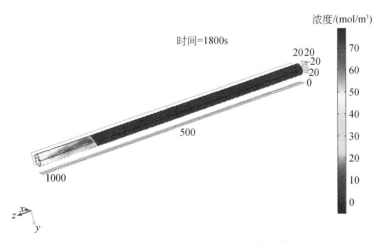

图 6-23　$V = 800\text{mL}/\text{min}$ 时，N_2 浓度图

4. 注气速度工艺参数优化分析

研究了注气速度为 400mL/min、600mL/min、800mL/min 时的模型中表面压力的分布，CH_4、N_2 浓度的分布。针对研究目标，对在上述注气速度下所研究对象末端 CH_4 驱替效率影响效果图进行汇总，如图 6-24 所示。由图 6-24 可知，当注气速度设定为 $V=$ 400mL/min 时，所研究对象末端的驱替效率 $\eta=48\%$，在室内实验中，注气速度为 400mL/min 时的 CH_4 驱替效率为 49.67%；当注气速度设定为 $V=600mL/min$ 时，所研究对象末端的驱替效率 $\eta=50\%$，在室内实验中，注气速度为 600mL/min 时的 CH_4 驱替效率为 51.24%；当注气速度设定为 $V=800mL/min$ 时，所研究对象末端的驱替效率 $\eta=$ 51%，在室内实验中，注气速度为 800mL/min 时的 CH_4 驱替效率为 52.21%。与数值模拟的结果对比，实验结果的数据符合数值模拟的预期。同时，由图 6-24 也可知，随着注气速度（400~800mL/min）的增加，驱替效率也随之由 48% 升至 51%，即驱替效率随着注气速度的加快而提高。

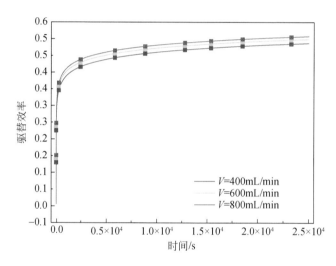

图 6-24　$V=400mL/min$、$600mL/min$、$800mL/min$ 时 CH_4 驱替效率

为了验证这一结论，利用 COMSOL 数值模拟软件后续模拟了注气速度分别为 1000mL/min、1300mL/min、1600mL/min、1900mL/min、2200mL/min、2500mL/min 流速条件下对 CH_4 驱替效率的影响效果。由图 6-25 可知，同样地，随着注气速度由 1000mL/min 加快到 2200mL/min，CH_4 驱替效率也由 52% 升高到 54%，与 400~800mL/min 的驱替效率相对比，其增长率速度变缓。当注气速度模拟到 2200mL/min 之后，CH_4 驱替效率基本保持不变，稳定在 54% 左右。

综上所述，确定最终所优化的压力参量为 $V_{优}=2200mL/min$。

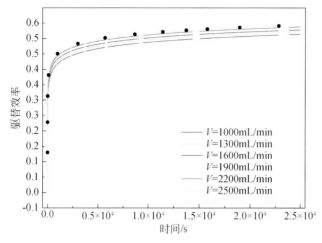

图 6-25　$V = 1000 \sim 2500\text{mL}/\text{min}$ 时 CH_4 驱替效率

6.2.4　段塞量工艺参数优化

根据不同的段塞量，即注入 N_2 量填砂管静置相同的时间，分别求解模型中游离 N_2 浓度、吸附 N_2 摩尔量、游离 CH_4 浓度、吸附 CH_4 摩尔量的变化。

6.2.4.1　段塞量为 12L 时数值模拟结果

由图 6-26 可知，随着时间的变化，模型中的游离 N_2 浓度总体呈现递增趋势。在第一次间歇模拟过程中，游离 N_2 浓度由 $3.54\text{mol}/\text{m}^3$ 降低到 $1.10\text{mol}/\text{m}^3$；在第二次间歇模拟过程中，游离 N_2 浓度由 $3.25\text{mol}/\text{m}^3$ 降低到 $2.13\text{mol}/\text{m}^3$；在第三次间歇模拟过程中，游离 N_2 浓度由 $4.28\text{mol}/\text{m}^3$ 降低到 $3.13\text{mol}/\text{m}^3$；在第四次间歇模拟过程中，游离 N_2 浓度由 $5.25\text{mol}/\text{m}^3$ 降低到 $4.07\text{mol}/\text{m}^3$；在第五次间歇模拟过程中，游离 N_2 浓度由 $6.20\text{mol}/\text{m}^3$ 降低到 $4.99\text{mol}/\text{m}^3$。

由图 6-27 可知，随着时间的变化，模型中的吸附 N_2 摩尔量总体上同样地呈现递增趋势。在第一次间歇模拟过程中，吸附 N_2 摩尔量由 1.74mol 降低到 0.54mol；在第二次间歇模拟过程中，吸附 N_2 摩尔量由 1.40mol 降低到 0.83mol；在第三次间歇模拟过程中，吸附 N_2 摩尔量由 1.60mol 降低到 1.03mol；在第四次间歇模拟过程中，吸附 N_2 摩尔量由 1.73mol 降低到 1.16mol；在第五次间歇模拟过程中，吸附 N_2 摩尔量由 1.82mol 降低到 1.20mol。

由图 6-28 可知，随着时间的变化，模型中的游离 CH_4 浓度呈现递减趋势。在第一次间歇模拟过程中，游离 CH_4 浓度由 $0.140\text{mol}/\text{m}^3$ 降低到 $0.042\text{mol}/\text{m}^3$；在第二次间歇模拟过程中，游离 CH_4 浓度由 $0.042\text{mol}/\text{m}^3$ 降低到 $0.039\text{mol}/\text{m}^3$；在第三次间歇模拟过程中，游离 CH_4 浓度由 $0.039\text{mol}/\text{m}^3$ 降低到 $0.038\text{mol}/\text{m}^3$；在第四次间歇模拟过程中，游离 CH_4 浓度由 $0.038\text{mol}/\text{m}^3$ 降低到 $0.037\text{mol}/\text{m}^3$；在第五次间歇模拟过程中，游离 CH_4 浓度由 $0.037\text{mol}/\text{m}^3$ 降低到 $0.036\text{mol}/\text{m}^3$。

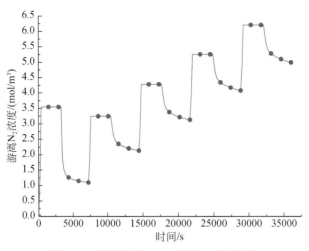

图 6-26 段塞量为 12L 时游离 N_2 浓度图

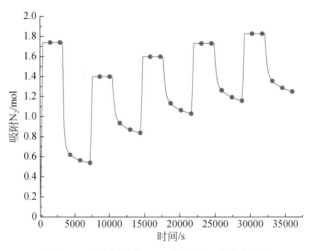

图 6-27 段塞量为 12L 时吸附 N_2 摩尔量图

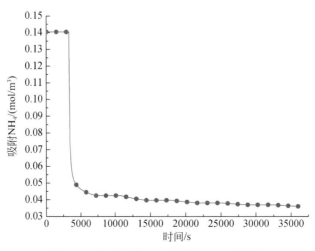

图 6-28 段塞量为 12L 时游离 CH_4 浓度图

由图 6-29 可知，随着时间的变化，模型中的吸附 CH_4 摩尔量同样地呈现递减趋势。在第一次间歇模拟过程中，吸附 CH_4 摩尔量由 18.00×10^{-4} mol 降低到 5.42×10^{-4} mol；在第二次间歇模拟过程中，吸附 CH_4 摩尔量由 5.42×10^{-4} mol 降低到 5.07×10^{-4} mol；在第三次间歇模拟过程中，吸附 CH_4 摩尔量由 5.07×10^{-4} mol 降低到 4.86×10^{-4} mol；在第四次间歇模拟过程中，吸附 CH_4 摩尔量由 4.86×10^{-4} mol 降低到 4.72×10^{-4} mol；在第五次间歇模拟过程中，吸附 CH_4 摩尔量由 4.72×10^{-4} mol 降低到 4.60×10^{-4} mol。

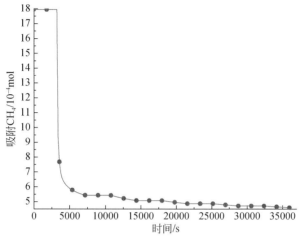

图 6-29 段塞量为 12L 时吸附 CH_4 摩尔量图

6.2.4.2 段塞量为 28L 时数值模拟结果

由图 6-30 可知，随着时间的变化，模型中的游离 N_2 浓度呈现先递增后递减的趋势。在第一次间歇模拟过程中，游离 N_2 浓度由 8.16 mol/m^3 降低到 2.50 mol/m^3；在第二次间歇模拟过程中，游离 N_2 浓度由 7.55 mol/m^3 降低到 4.94 mol/m^3；在第三次间歇模拟过程中，游离 N_2 浓度由 9.96 mol/m^3 降低到了 6.67 mol/m^3。

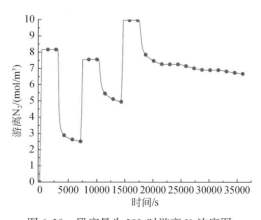

图 6-30 段塞量为 28L 时游离 N_2 浓度图

由图 6-31 可知，随着时间的变化，模型中的吸附 N_2 摩尔量总体上呈现递减趋势。在第一次间歇模拟过程中，吸附 N_2 摩尔量由 3.02mol 降低到 0.93mol；在第二次间歇模拟过程中，吸附 N_2 摩尔量由 2.31mol 降低到 1.28mol；在第三次间歇模拟过程中，吸附 N_2 摩尔量由 2.49mol 降低到 1.32mol。

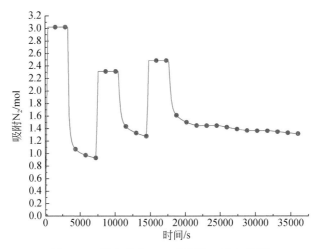

图 6-31 段塞量为 28L 时吸附 N_2 摩尔量图

由图 6-32 可知，随着时间的变化，模型中的游离 CH_4 浓度呈现递减趋势。在第一次间歇模拟过程中，游离 CH_4 浓度由 0.140mol/m³ 降低到 0.041mol/m³；在第二次间歇模拟过程中，游离 CH_4 浓度由 0.041mol/m³ 降低到 0.039mol/m³；在第三次间歇模拟过程中，游离 CH_4 浓度由 0.039mol/m³ 降低到 0.036mol/m³。

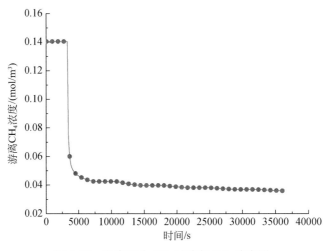

图 6-32 段塞量为 28L 时游离 CH_4 浓度图

由图 6-33 可知，随着时间的变化，模型中的吸附 CH_4 摩尔量同样地呈现递减趋势。在第一次间歇模拟过程中，吸附 CH_4 摩尔量由 18.00×10^{-4} mol 降低到 5.41×10^{-4} mol；在第二次间歇模拟过程中，吸附 CH_4 摩尔量由 5.41×10^{-4} mol 降低到 5.03×10^{-4} mol；在第三次间歇模拟过程中，吸附 CH_4 摩尔量由 5.03×10^{-4} mol 降低到 4.58×10^{-4} mol。

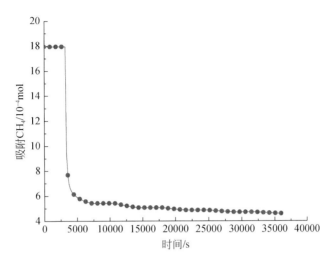

图 6-33　段塞量为 28L 时吸附 CH_4 摩尔量图

6.2.4.3　段塞量为 38L 时数值模拟结果

由图 6-34 可知，随着时间的变化，模型中的游离 N_2 浓度总体呈现递增趋势。在第一次间歇模拟过程中，游离 N_2 浓度由 11.20 mol/m^3 降低到 3.45 mol/m^3；在第二次间歇模拟过程中，游离 N_2 浓度由 10.27 mol/m^3 降低到 5.94 mol/m^3。

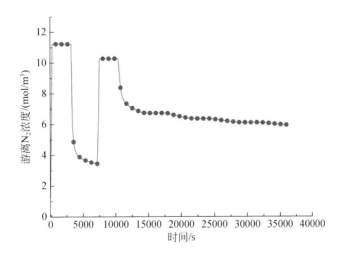

图 6-34　段塞量为 38L 时游离 N_2 浓度图

由图 6-35 可知，随着时间的变化，模型中的吸附 N_2 摩尔量总体上同样地呈现递减趋势。在第一次间歇模拟过程中，吸附 N_2 摩尔量由 3.57mol 降低到 1.10mol；在第二次间歇模拟过程中，吸附 N_2 摩尔量由 2.67mol 降低到 1.25mol。

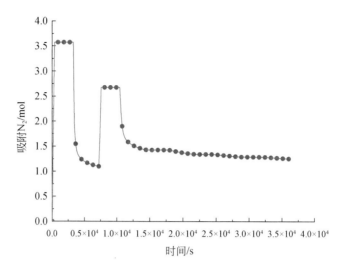

图 6-35　段塞量为 38L 时吸附 N_2 摩尔量图

由图 6-36 可知，随着时间的变化，模型中的游离 CH_4 浓度呈现递减趋势。在第一次间歇模拟过程中，游离 CH_4 浓度由 0.140mol/m³ 降低到 0.040mol/m³；在第二次间歇模拟过程中，游离 CH_4 浓度由 0.040mol/m³ 降低到 0.035mol/m³。

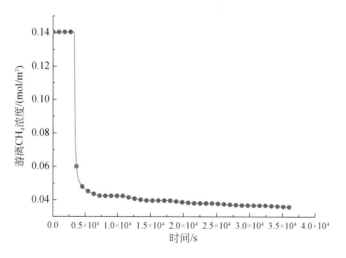

图 6-36　段塞量为 38L 时游离 CH_4 浓度图

由图 6-37 可知，随着时间的变化，模型中的吸附 CH_4 摩尔量同样地呈现递减趋势。在第一次间歇模拟过程中，吸附 CH_4 摩尔量由 $18.00×10^{-4}$ mol 降低到 $5.39×10^{-4}$ mol；在第二次间歇模拟过程中，吸附 CH_4 摩尔量由 $5.39×10^{-4}$ mol 降低到 $4.51×10^{-4}$ mol。

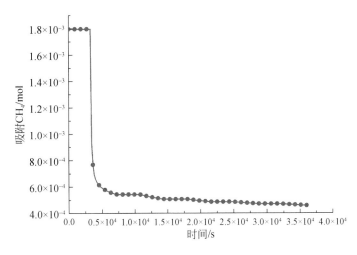

图 6-37　段塞量为 38L 时吸附 CH_4 摩尔量图

6.2.4.4　段塞量工艺参数优化分析

前面三小节研究了段塞量为 12L、28L、38L 时模型中游离 N_2 浓度、吸附 N_2 摩尔量、游离 CH_4 浓度、吸附 CH_4 摩尔量的变化。针对研究目标，对上述段塞量条件下所研究对象末端 CH_4 驱替效率进行汇总，如图 6-38 所示。

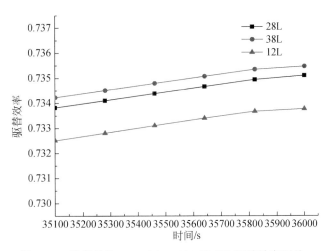

图 6-38　段塞量为 12L、28L、38L 时 CH_4 驱替效率汇总

图 6-38 是驱替效率的细节放大图，从中可以得出段塞量为 12L 时，所研究对象末端的驱替效率 $\eta = 73.38\%$，在室内实验中，段塞量为 12L 时的 CH_4 驱替效率为 75.24%；段塞量为 28L 时，所研究对象末端的驱替效率 $\eta = 73.47\%$，在室内实验中，段塞量为 28L 时的 CH_4 驱替效率为 76.03%；段塞量为 38L 时，所研究对象末端的驱替效率 $\eta = 73.51\%$，在室内实验中，段塞量为 38L 时的 CH_4 驱替效率为 76.89%。与数值模拟的结果对比，实

验结果的数据符合数值模拟的预期。由上述可知，随着段塞量由 12~38L 的增大，CH_4 的驱替效率由 73.38% 提高到 73.51%。

为了验证这一结论，利用 COMSOL 数值模拟软件后续模拟了段塞量分别为 45L、55L、65L、75L 条件下对 CH_4 驱替效率的影响效果。

由图 6-39 可知，同样地，随着段塞量由 45L 增加到 75L，CH_4 驱替效率总体呈现抛物线形状的递增趋势，即由 73.39% 升高到 73.49%，与 12~38L 的驱替效率相对比，段塞量是 38L 时，CH_4 驱替效率最高。

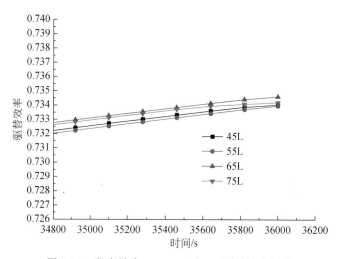

图 6-39 段塞量为 45~75L 时 CH_4 驱替效率汇总

综上所述，确定最终所优化的段塞量参量为 $N_{优} = 38L$。

6.2.5 间歇时间工艺参数优化

根据不同的间歇时间，即注入相同量的 N_2 后填砂管的静置时间，分别求解模型中游离 N_2 浓度、吸附 N_2 摩尔量、游离 CH_4 浓度、吸附 CH_4 摩尔量的变化。

1. 间歇时间为 1h 时数值模拟结果

在本小节中，其内容与 6.2.4 小节中段塞量为 28L 时数值模拟结果一样，在此不再赘述。

2. 间歇时间为 2h 时数值模拟结果

由图 6-40 可知，随着时间的变化，模型中的游离 N_2 浓度总体呈现先递减后递增的趋势。在第一次间歇模拟过程中，游离 N_2 浓度由 8.16mol/m^3 降低到 2.50mol/m^3；在第二次间歇模拟过程中，游离 N_2 浓度由 7.50mol/m^3 降低到 4.91mol/m^3；在第三次间歇模拟过程中，游离 N_2 浓度由 9.92mol/m^3 降低到 7.24mol/m^3；在第四次间歇模拟过程中，游离 N_2 浓度由 12.25mol/m^3 降低到 9.52mol/m^3。

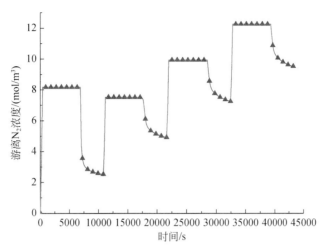

图 6-40　段塞量为 28L 静置 2h 游离 N₂浓度图

　　由图 6-41 可知，随着时间的变化，模型中的吸附 N₂摩尔量总体上呈现先递减后递增的趋势。在第一次间歇模拟过程中，吸附 N₂摩尔量由 3.02mol 降低到 0.93mol；在第二次间歇模拟过程中，吸附 N₂摩尔量由 2.31mol 降低到 1.27mol；在第三次间歇模拟过程中，吸附 N₂摩尔量由 2.48mol 降低到 1.45mol；在第四次间歇模拟过程中，吸附 N₂摩尔量由 2.59mol 降低到 1.56mol。

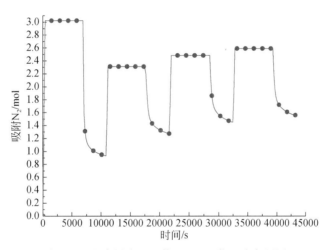

图 6-41　段塞量为 28L 静置 2h 吸附 N₂摩尔量图

　　由图 6-42 可知，随着时间的变化，模型中的游离 CH₄浓度呈现递减趋势。在第一次间歇模拟过程中，游离 CH₄浓度由 0.14mol/m³降低到 0.041mol/m³；在第二次间歇模拟过程中，游离 CH₄浓度由 0.041mol/m³降低到 0.038mol/m³；在第三次间歇模拟过程中，游离 CH₄浓度由 0.038mol/m³降低到 0.037mol/m³；在第四次间歇模拟过程中，游离 CH₄浓度由 0.038mol/m³降低到 0.036mol/m³。

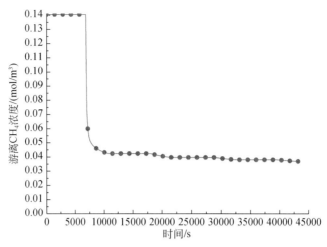

图 6-42　段塞量为 28L 静置 2h 游离 CH$_4$ 浓度图

由图 6-43 可知，随着时间的变化，模型中的吸附 CH$_4$ 摩尔量同样地呈现递减趋势。在第一次间歇模拟过程中，吸附 CH$_4$ 摩尔量由 17.90×10^{-4} mol 降低到 5.41×10^{-4} mol；在第二次间歇模拟过程中，吸附 CH$_4$ 摩尔量由 5.41×10^{-4} mol 降低到 5.04×10^{-4} mol；在第三次间歇模拟过程中，吸附 CH$_4$ 摩尔量由 5.04×10^{-4} mol 降低到 4.82×10^{-4} mol；在第四次间歇模拟过程中，吸附 CH$_4$ 摩尔量由 4.82×10^{-4} mol 降低到 4.68×10^{-4} mol。

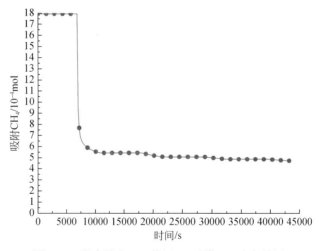

图 6-43　段塞量为 28L 静置 2h 吸附 CH$_4$ 摩尔量图

3. 间歇时间为 3h 时数值模拟结果

由图 6-44 可知，随着时间的变化，模型中的游离 N$_2$ 浓度总体呈现先递减后递增的趋势。在第一次间歇模拟过程中，游离 N$_2$ 浓度由 8.16 mol/m^3 降低到 2.51 mol/m^3；在第二次间歇模拟过程中，游离 N$_2$ 浓度由 7.56 mol/m^3 降低到 4.95 mol/m^3；在第三次间歇模拟过程中，游离 N_2 浓度由 7.26mol/m³ 降低到 3.13mol/m³；在第四次间歇模拟过程中，游离 N_2 浓度由 12.27mol/m³ 降低到 9.51mol/m³。

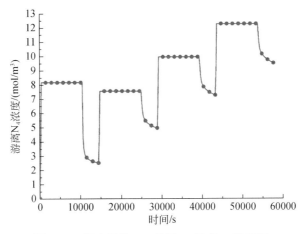

图 6-44 段塞量为 28L 静置 3h 游离 N_2 浓度图

由图 6-45 可知，随着时间的变化，模型中的吸附 N_2 摩尔量总体上同样是先递减后递增的趋势。在第一次间歇模拟过程中，吸附 N_2 摩尔量由 3.02mol 降低到 0.93mol；在第二次间歇模拟过程中，吸附 N_2 摩尔量由 2.31mol 降低到 1.28mol；在第三次间歇模拟过程中，吸附 N_2 摩尔量由 2.48mol 降低到 1.45mol；在第四次间歇模拟过程中，吸附 N_2 摩尔量由 2.59mol 降低到 1.55mol。

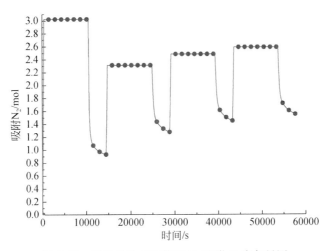

图 6-45 段塞量为 28L 静置 3h 吸附 N_2 摩尔量图

由图 6-46 可知，随着时间的变化，模型中的游离 CH_4 浓度呈现递减趋势。在第一次间歇模拟过程中，游离 CH_4 浓度由 0.14mol/m³ 降低到 0.043mol/m³；在第二次间歇模拟过程中，游离 CH_4 浓度由 0.043mol/m³ 降低到 0.041mol/m³；在第三次间歇模拟过程中，游离 CH_4 浓度由 0.041mol/m³ 降低到 0.039mol/m³；在第四次间歇模拟过程中，游离 CH_4 浓度由 0.039mol/m³ 降低到 0.037mol/m³。

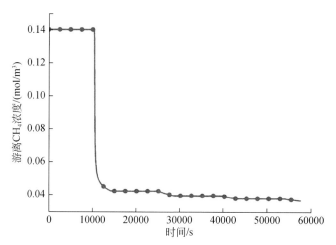

图 6-46　段塞量为 28L 静置 3h 游离 CH_4 浓度图

由图 6-47 可知，随着时间的变化，模型中的吸附 CH_4 摩尔量同样地呈现递减趋势。在第一次间歇模拟过程中，吸附 CH_4 摩尔量由 17.78×10^{-4} mol 降低到 5.42×10^{-4} mol；在第二次间歇模拟过程中，吸附 CH_4 摩尔量由 5.42×10^{-4} mol 降低到 5.11×10^{-4} mol；在第三次间歇模拟过程中，吸附 CH_4 摩尔量由 5.11×10^{-4} mol 降低到 4.88×10^{-4} mol；在第四次间歇模拟过程中，吸附 CH_4 摩尔量由 4.88×10^{-4} mol 降低到 4.72×10^{-4} mol。

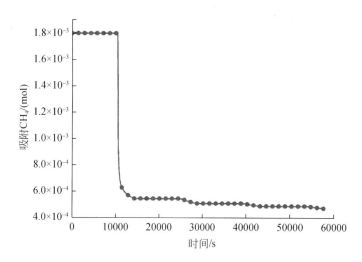

图 6-47　段塞量为 28L 静置 3h 吸附 CH_4 摩尔量图

4. 间歇时间工艺参数优化分析

对段塞量为 28L 的不同间歇时间（1h、2h 和 3h）的 CH_4 驱替效率进行对比分析。由图 6-38 可知，当间歇时间为 1h 时，数值模拟结果表明驱替效率为 73.47%。由图 6-48 可知，当间歇时间为 2h 时，数值模拟结果表明驱替效率为 72.70%。由图 6-49 可知，当间歇时间为 3h 时，数值模拟结果表明驱替效率为 71.59%，综合分析可知，随着间歇时间由 1h 延长至 3h，CH_4 的驱替效率由 73.47% 降低到 71.59%，说明段塞量为 28L 的前提下，间歇时间为 1h 时，CH_4 驱替效率最高。综上所述，确定最终所优化的间歇时间参量为 $T_{优} = 1h$。

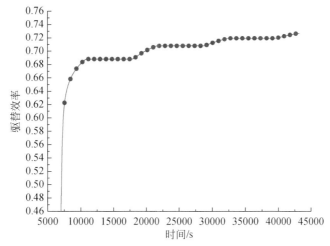

图 6-48　段塞量为 28L 静置 2h CH_4 驱替效率

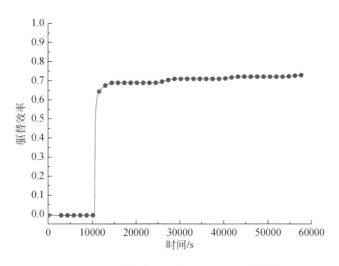

图 6-49　段塞量为 28L 静置 3h CH_4 驱替效率

由图 6-48 可知，段塞量为 28L 静置 2h 时，所研究对象末端的驱替效率 $\eta = 72.70\%$，在室内实验中，段塞量为 28L 静置 2h 时的 CH_4 驱替效率为 74.36%。与数值模拟的结果对比，实验结果的数据符合数值模拟的预期。

由图 6-49 可知，段塞量为 28L 静置 3h 时，所研究对象末端的驱替效率 $\eta = 71.59\%$，在室内实验中，段塞量为 28L 静置 3h 时的 CH_4 驱替效率为 72.55%。与数值模拟的结果对比，实验结果的数据符合数值模拟的预期。

由上述可知，随着间歇时间由 1h 延长至 3h，CH_4 的驱替效率由 73.47% 降低到 71.59%，说明段塞量为 28L 的前提下，间歇时间为 1h 时，CH_4 驱替效率最高。

综上所述，确定最终所优化的间歇时间参量为 $T_{优} = 1h$。

6.3　本 章 小 结

针对多孔的煤基质，采用 COMSOL 软件来模拟煤层中气体流动过程中压力和浓度的传递。基于假设条件，通过几何模型、数学模型，以及模型整体的有限元的划分，完成最后的数值模拟的求解。在求解模型中，首先模拟的是连续注气和间歇注气室内实验过程中的变量，即不同注气压力（2.5MPa、3.5MPa、4.5MPa）、不同速度（400mL/min、600mL/min、800mL/min）、不同段塞量（12L、28L、38L）和不同段塞时间（1h、2h、3h）时对甲烷驱替效率的影响效果，室内实验的驱替效率符合数值模型的预期，验证了数模的准确性；其次是将所模拟的条件更广泛化，即不同注气压力（5MPa、6MPa、7MPa、8MPa、9MPa、10MPa、11MPa、12MPa），不同注气流速（1000mL/min、1300mL/min、1600mL/min、1900mL/min、2200mL/min、2500mL/min），不同段塞量（45L、55L、65L、75L）下 CH_4 的驱替效率，得出当压力大于 10MPa 时，其 CH_4 的驱替效率趋于稳定为 87%；当流速大于 2200mL/min 时，其 CH_4 的驱替效率趋于稳定为 54%；当段塞量是 38L 时，其 CH_4 驱替效率最高为 73.51%；当间歇时间为 1h 时，CH_4 驱替效率最高为 73.47%。所以说，$P_{优} = 10MPa$，$V_{优} = 2200mL/min$，$N_{优} = 38L$，$T_{优} = 1h$。

第7章 注氮气提高煤层气采收率矿场实践

基于室内实验和数值模拟对注氮气提高大佛寺煤田4号煤层机理进行了研究,结果表明注氮气驱替煤层气具有理论可行性。和室内研究相比,矿场实际条件十分复杂,注气时还需考虑煤层压力、施工设备最大功率、完井程度等因素。因此在理论研究的基础之上,开展了矿场试验,矿场试验成功与否是氮气驱替煤层气可行性的重要依据。

7.1 彬长矿区大佛寺煤层气田地质特征

7.1.1 地理地貌

煤矿位于陇东黄土高原东南部,为塬、梁、峁沟壑地貌,塬面及沟谷走向北东,地形西南高,向东北逐渐降低。塬面标高一般1100~1200m,沟谷标高一般840~950m,相对高差一般160~300m,最低点位于大佛寺北缘泾河谷地,标高839m,最高点位于煤矿西曹家崖窑一带,标高1261.8m。

本区主要河流为北部边缘的泾河,其支流有磨子沟、菜子沟、安化沟、土沟等。泾河流量随季节变化,最大流量8150m³/s,最小流量1m³/s。本区地处中纬带高原区,属暖温带半干旱大陆性季风气候区。年平均气温为9.1℃,极端最高气温为40℃,极端最低气温为-22.5℃。霜期一般为10月中旬至次年4月中、下旬,无霜期180天;冰冻期一般在12月上旬至来年2月下旬;冻土层最大厚度36cm。年平均降水量为584.1mm,蒸发量大于900mm;每年3~5月份为西北季风期,最大风速12.7m/s。

煤矿范围历史上无破坏性地震记录,按照《中国地震动参数区划图》(GB 18306—2015),本区抗震设防烈度为6度,设计基本地震加速度为0.05g。

大佛寺煤矿东部及东南部分别与彬州市下沟煤矿、水帘洞煤矿相接,西部与杨家坪勘查区相接;南部以蒋家河煤田为界,北部与小庄井田、亭南预留区相邻。矿井四邻关系见矿权设置范围示意图(图7-1)所示。

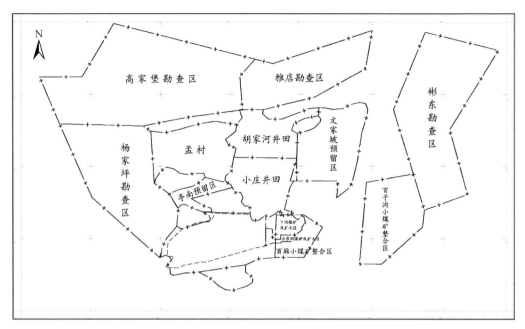

图 7-1 矿权设置范围示意图

7.1.2 矿井地质

矿井资源勘探、建设等各阶段所揭露的地层由老到新依次为：中生界三叠系上统胡家村组，侏罗系下统富县组，侏罗系中统延安组、直罗组、安定组，白垩系下统宜君组、洛河组、华池组，新生界新近系、第四系。其主要特征由老到新分述如下：

三叠系上统胡家村组（T_3h）：岩性为灰-深灰色泥岩、粉砂岩夹灰绿色中厚层状中细粒长石砂岩，底部夹油页岩薄层。泥岩质纯细腻，水平层理发育，砂岩分选好，胶结致密，具均匀层理及波状层理，钻孔未见底。

侏罗系下统富县组（J_1f）：岩性为灰-灰绿色及紫杂色泥岩，花斑状，含铝质，具鲕粒，松软，易破碎，底部常含三叠系砂质泥岩角砾。本组厚度变化较大，部分地段缺失，厚度 0 ~ 37.30m（173 号钻孔），平均 10m，与下伏三叠系假整合接触。

侏罗系中统延安组（J_2y）：为本区含煤地层。岩性为灰-深灰色泥岩、砂质泥岩、粉细砂岩与灰白色中-粗粒砂岩互层，中夹碳质泥岩及煤层，厚度 13.36 ~ 106.95m，平均 80m。与下伏富县组呈整合接触，或超覆于三叠系之上。依据岩性、岩相、旋回结构及煤层特征等，延安组自下而上划分为两段。下段（J_2y^1）：下部为灰褐色铝土质泥岩、泥质粉砂岩和细砂岩，团块状，含黄铁矿、菱铁矿鲕粒及植物根系化石，构成 4 号煤层底板，其上为巨厚煤层，编号 4 号煤层，4 煤层上为浅灰-深灰色泥岩、砂质泥岩，具水平层理，富含植物化石；上部为浅灰-深灰色泥岩、砂质泥岩、粉砂岩、细砂岩夹碳质泥岩及煤层，其下为一套巨厚层状粗砂岩、含砾粗砂岩。本段地层分布广，厚度平均 55m。部分地段遭受剥蚀，含局部可采煤层三层，编号 $4^{上}$、$4^{上-1}$、$4^{上-2}$ 煤。上段（J_2y^2）：岩性为灰色泥岩、砂质泥岩、粉砂岩夹碳质泥岩，底部为一层较厚的砂岩与下段为界，顶部呈现紫杂色。因遭剥蚀，残留厚度平均 20m。局部地段含煤一层，编号 3 煤。

侏罗系中统直罗组 (J_2z)：本组上部为紫杂色及灰绿色泥岩夹灰绿色砂岩；下部为灰绿色-灰白色含砾粗砂岩夹灰绿色砂质泥岩；底部为含砾粗砂岩-细砾岩。砂岩成分以长石石英为主。本组厚度 8.63~49.16m，平均 28.74m，下与延安组冲刷接触。

侏罗系中统安定组 (J_2a)：岩性为紫红色、棕红色砂质泥岩、粉细砂岩夹浅棕红色、紫灰色砂岩，底部为巨厚层状含砾粗砂岩-细砾岩。砂岩以长石石英杂砂岩为主，钙质与铁质胶结，结构疏松，层理不清，沿裂隙分布有网状钙膜，含大量钙质结核和蓝灰色斑点。本组厚度为 33.74~140.55m，平均 80m，与下伏直罗组整合接触。

白垩系下统宜君组 (K_1y)：岩性为紫灰色、浅紫红色巨厚层状中-粗砾岩夹含砾粗砂岩透镜体。砾石成分主要为石英及花岗岩块，分选差，次圆状，砂泥质充填，钙质、硅质胶结。厚度 4.70~46.68m，平均 20m，与下伏安定组为假整合接触。

白垩系下统洛河组 (K_1l)：岩性为棕红色巨厚层状-厚层状细、中粗粒长石砂岩夹砾质砂岩及暗棕红色泥岩。砂岩分选好，次棱角状，钙质、铁质胶结，疏松，具板状交错层理和楔状交错层理，为河流相沉积，是区内主要含水层。厚度 0~288.60m，平均厚度 150m，与下伏宜君组为连续沉积。

白垩系下统华池组 (K_1h)：岩性以紫杂色-灰绿色泥岩、粉砂岩为主，夹中-细粒砂岩，局部夹泥灰岩，水平层理发育。厚度 0~137.20m，平均 55m，与下伏洛河组为连续沉积。

新近系上中新统小章沟组 (N_1^3)：出露于沟谷两侧，位于黄土层以下。岩性为棕红色-浅褐色黏土、砂质黏土，底部为浅棕红色砂砾岩层，中下部砂质黏土中含哺乳动物化石。厚度随地形而异，平均厚度为 60m，与下伏地层均为不整合接触。

第四系 (Q)：煤矿内广泛分布，包括下更新统 (Q_1)、中上更新统 (Q_{2+3}) 及全新统 (Q_4)。下更新统：灰黄色、浅黄色粉砂质黏土与褐红色古土壤层互层，下部砂质黏土中含砾石，底部为砂砾石层。一般厚度 50m，与小章沟组不整合接触。中上更新统：浅棕黄色黄土，夹十多层浅棕红色古土壤，下部古土壤层密集，上部古土壤层稀疏，平均厚度 80m。顶部 Q_3 为淡黄色粉砂质黏土，疏松，具有大孔隙，垂直节理发育，含蜗牛化石，在塬面堆积，平均厚度 7m。全新统：分布于河床、沟谷及两岸阶地，为近代冲积层及坡积层。主要由砾石、砂、亚黏土组成，最大厚度 26.20m，与下伏地层不整合接触。

7.1.3　矿井构造

彬长矿区位于鄂尔多斯盆地南部的渭北挠褶带北缘庙彬凹陷区，地表大面积被黄土层所覆盖，沟谷中出露的白垩系地层产状较为平缓，其深部侏罗系隐伏构造总体为一走向 N60°~70°E，倾向 NW-NNW 向的单斜构造。其上发育一组宽缓的褶曲构造，自南向北依次为彬县背斜、师家店向斜、祁家背斜、安化向斜、路家-小灵台背斜、孟村向斜、七里铺-西坡背斜。据区内钻孔揭示，未发现断裂构造。

大佛寺煤田主体构造位置位于彬县背斜以北的安化向斜区南翼，并向南跨越彬县背斜。总体构造为一向北倾斜的单斜构造，由三叠系基底继承而来。地层倾角平缓，一般 3°~5°，最大 17°~21°。由于受相同沉积构造作用的影响，煤矿内由北向南依次有安化向斜、祁家背斜、师家店向斜，彬县背斜。如图 7-2 所示，主要构造形态特征分述如下：

安化向斜：位于煤矿北部边缘，轴向近东西，煤矿内轴长 5km，向斜宽 3.6km，轴部近于水平，北翼倾角 2°~5°，南翼 5°~6°。

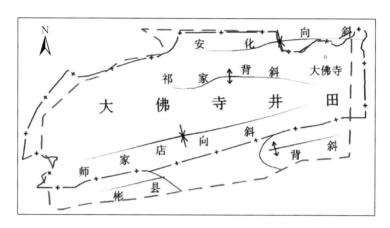

图 7-2　大佛寺煤矿构造示意图

祁家背斜：位于煤矿中部，轴向近东西向，轴长约 9km，轴部地层倾角 2°左右，北翼倾角 5°左右，与安化向斜南翼过渡部位倾角增大（17°~21°），背斜宽度 2.5~3km，枢纽呈马鞍状起伏。

师家店向斜：位于煤矿南部，轴向北东东，向西倾伏变宽阔，两翼倾角平缓，一般 2°~3°，局部 5°~6°。

彬县背斜：位于煤矿最南部，轴向北东东，两翼倾角平缓，倾角 2°~3°，92 号孔-93 号孔为其鞍部。本区未发现大的断层。

7.2　煤层与煤质

7.2.1　煤层

彬长矿区详查报告对侏罗系延安组进行了系统的划分和煤层对比，根据岩性、岩相组合、旋回结构和含煤性将含煤地层划分为三个中级旋回（即三个含煤段），共含煤 8 层，上段含 1~3 号煤，中段含 4~7 号煤，下段含 8 号煤。大佛寺煤矿精查勘探时，认为 5 号、8 号煤合并，并将其所在的含煤段合并为下段，煤层重新进行了编号。由于大佛寺煤矿位于彬长矿区南部，上含煤段多遭受剥蚀，仅局部地段含 3 号煤。本书沿用大佛寺煤田精查勘探时煤层编号，将 $4^{上-1}$、$4^{上-2}$、$4^{上}$、4 号煤归属下含煤段（表 7-1）。

表 7-1　煤田含煤地层及煤层编号沿革表

详查报告		大佛寺精查报告（1993 年）		本书	
煤系划分	煤层编号	煤系划分	煤层编号	煤系划分	煤层编号
延安组 J_2y	第一段 (J_2y^3) 1	延安组 J_2y	上段 (J_2y^2) 1	延安组 J_2y	上段 (J_2y^2) 1
	2		2		2
	3（3⁻¹、3⁻²）		3（3⁻¹、3⁻²）		3（3⁻¹、3⁻²）
	第二段 (J_2y^2) 4		下段 (J_2y^1) 无编号		下段 (J_2y^1) 无编号
	5 5⁻¹		4上 4上⁻¹		4上 4上⁻¹
	5⁻²		4上⁻²		4上⁻²
	5⁻³		4上		4上
	6		无编号		无编号
	7		无编号		无编号
	第三段 (J_2y^1) 8 8⁻¹		4 煤		4 煤
	8⁻²				
	8⁻³				

　　含煤地层延安组一共含煤 6 层（包括分煤层和分叉煤层），自上而下依次编号为 3⁻¹、3⁻²、4上⁻¹、4上⁻²、4上、4 煤（表 7-2）。其中：上含煤段厚度 0 ~ 45.71m，一般厚度为 20m，含 3⁻¹、3⁻² 煤层；下含煤段厚度 0 ~ 100m，一般厚度为 40 ~ 80m，含 4上⁻¹、4上⁻²、4上 煤层及 4 煤层。3⁻¹、3⁻² 煤不可采，4上⁻¹、4上⁻²、4上 为局部可采煤层，4 煤为大部可采

表 7-2　各煤层特征一览表

含煤段	煤号	煤厚/m 小—大 平均	钻孔见煤统计				变异系数 (r)	稳定性评价	可采程度	煤层间距/m 小—大 平均
			见煤点	可采点	可采率/%	可采指数/km				
上段	3⁻¹	$\frac{0-1.37}{0.70}$	29	2	7.41	0.02			不可采	$\frac{1.20-8.00}{3.38}$
	3⁻²	$\frac{0-1.73}{0.71}$	58	15	25.88	0.14			不可采	$\frac{12.69-27.93}{20.01}$
下段	4上⁻¹	$\frac{0-1.72}{1.22}$	50	43	86	0.86	19%	较稳定	局部可采	$\frac{0.80-17.91}{4.33}$
	4上⁻²	$\frac{0-2.36}{1.36}$	28	26	93.86	0.93	29%	较稳定	局部可采	$\frac{0.80-12.12}{2.08}$
	4上	$\frac{0-7.02}{2.88}$	102	84	82	0.82	40%	较稳定	局部可采	$\frac{0.80-43.55}{17.05}$
	4	$\frac{0-19.23}{11.65}$	110	105	95.45	0.95	30%~40%	以稳定为主	大部可采	

煤层，4 煤为主采煤层。剖面上，自下而上含煤性变差，下含煤段含煤性好，上段较差。平面上，煤田周边向中心区含煤性变好，东部较西部含煤性好，富煤区位于 13 线以东。含煤性与含煤地层厚度表现出正相关关系，即煤系地层厚度大于 60m 时含煤性好，含煤系数大于 15%；小于 60m 时，含煤性相对较差。本煤矿各煤层特征如表 7-2。

7.2.2　煤层对比

煤层对比依据具体为：彬长矿区延安组为一广阔的内陆盆地型含煤建造，其沉降速度较为均衡，故含煤地层具有韵律性，旋回结构变化明显，煤层与围岩岩相及旋回结构有着内在联系。因此，本区煤层对比是以相旋回为基础，采用标志层、煤层本身特征、煤层组合特征、煤质特征及测井物性特征对比方法。

煤层对比方法包括：

（1）岩相旋回对比：如前所述，各含煤段的下部或底部冲积相发育，岩性与沉积构造具有特殊标志，为煤层对比奠定了基础。下段为一多阶性旋回，4 煤位于旋回下部，易于区别；$4^{上-1}$ 煤位于下段上部，并且分叉为 $4^{上-1}$、$4^{上-2}$ 煤层。上段亦为多阶性中级旋回，包括多个次级小旋回，3^{-1}、3^{-2} 煤位于上段的下部小旋回中，上段的上部小旋回多遭剥蚀，在本矿范围内不含煤层。岩相旋回对比法以旋回划分各含煤段，在此基础上进行煤层对比。

（2）标志层特征对比：标志层有两个。一是 4 煤层底板含鲕状铝质泥岩，烟灰色，位于延安组底部，层位稳定，是对比 4 煤层的主要标志层；二是上段底部砂岩，全区分布，为中粗粒砂岩，作为盆地南缘延安组下部相对稳定的标志层，以此层砂岩划分上段、下段两个含煤段的分界。

（3）煤层本身特征对比：4 煤层在含煤岩系的底部（下段下部），厚度大，结构简单；$4^{上}$ 煤位于下段上部，受环境变化的影响分叉为 $4^{上-1}$、$4^{上-2}$，组成 $4^{上}$ 煤组；3 煤分布零星，位于上段下部，煤层薄，结构简单。因此，根据煤层本身厚度和结构特征对比，效果显著。

（4）煤质特征对比：本煤田内各煤层含硫量显著不同，$4^{上}$ 煤组各煤层全硫为 0.20% ~ 2.96%，平均 1.58% ~ 1.59%，为中硫煤；4 煤全硫为 0.08% ~ 2.72%，平均 0.69%，为低硫煤。

（5）测井物性特征对比：本区煤层地球物理特征明显，电阻率电位曲线为高阻，伽马曲线为变幅值低密度，自然电位曲线为负异常，自然伽马曲线为低幅值。由于煤层厚度、结构不同，其形态曲线具有明显的差异。4 煤层厚度、结构简单，电阻率电位曲线幅值高，平均为 130Ω·m，伽马曲线异常值平均 432γ/mc，自然伽马曲线呈低幅值，一般为 2 ~ 6γ，平均 5.6γ。上述曲线由于物性差异明显，煤岩层界面反映清楚，自然电位曲线有较大负异常，幅值一般为 -60 ~ 90mV，是 4 煤独有的特征。$4^{上}$ 煤组各分煤层由于厚度薄，曲线形态呈剑状，总体呈一组"山"字形或指状曲线。

（6）煤层间距变化特征对比：煤层间距变化与构造位置有密切关系，在背斜轴部间距小，在向斜轴部间距大。如 $4^{上}$ 煤与 4 煤间距变化规律为东部间距大，向西逐渐变小，南部间距大，向北逐渐变小。$4^{上-1}$ 与 $4^{上-2}$ 煤间距变化规律为：7 线以西煤层间距由中部向西南逐渐增大，7 线以东由中间向东南逐渐增大。煤层间距变化规律为煤层对比提供了依据。

各煤层对比的可靠程度：4 煤层下有 K1（含鲕粒铝土质泥岩）标志层，而且煤层本身厚度大，煤质好，对比可靠。$4^{上}$ 煤本身特征明显，测井曲线形态特殊，查明了煤层分叉合并规律，因而对比清楚可靠。

7.2.3　可采煤层

（1）4 煤：为主采煤层，位于延安组下部，钻孔揭露点 111 个，见煤点 110 个，其中可采点 105 个，可采性指数 0.95。含煤面积 88.20km²，可采面积 81.67km²，面积可采率 92.60%（图 7-3）。

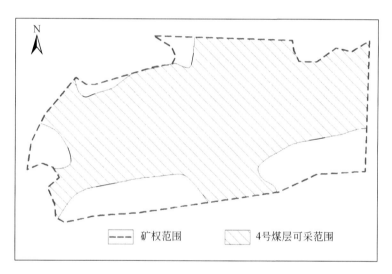

图 7-3　4 号煤层可采范围示意图

4 煤层厚度 0～19.23m，平均 11.65m，厚度变化较大，但大部分地区表现稳定（图 7-4）。以煤田 13 号勘探线为界，东部含煤面积 60.05km²，可采面积 53.56km²，面积可采率 89.19%，可采指数 0.98，煤厚 0.47～18.86m，平均 11.83m，变异系数 30%，属稳定特厚煤层。西部含煤面积 28.15km²，可采面积 28.11km²，面积可采率 99.86%，可采指数 0.79，煤厚 0.36～9.98m，平均 4.69m，变异系数 0.40，属较稳定的中厚煤层。虽然煤厚两极变化大，但由于煤田范围大，煤层厚度的分布和变化规律性明显。矿井中东部煤层最厚，达到 15m 以上，中部至南部厚度为 9～15m，西部为 5～9m，南部及西部向边缘逐渐变薄至最低可采厚度，规律性十分明显，并且煤层厚度为渐变关系，即由边部向中部、东部、北部逐渐变厚。煤层厚度稳定区域远大于较稳定区域。

该煤层结构简单，小于或等于两层夹矸的见煤点占 89%，大于两层夹矸的见煤点仅占 11%，夹矸厚度 0.10～0.30m，岩性以泥岩、碳质泥岩为主，结构稳定。

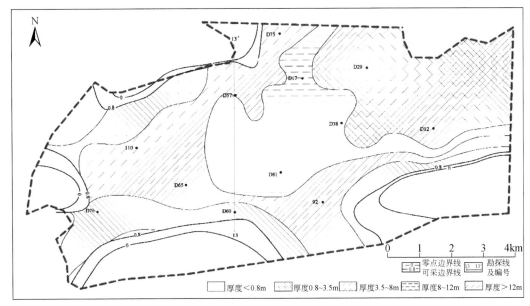

图 7-4　4 号煤层厚度分布图

煤质资料表明，全煤田 4 煤层的煤类单一，全部为不黏煤 31 号（BN31），只有个别点是弱黏煤（RN32）。综合分析，4 煤是属于稳定至较稳定，但属以稳定为主的煤层。

煤层顶板局部存在伪顶，为小于 0.50m 的碳质泥岩，零星分布于 7 线以东、13 线以西，直接顶板以泥岩、砂质泥岩为主，12 线以西为粉-细砂岩；底板为铝质泥岩，局部分布碳质泥岩伪底。底板标高 440~755.89m。

（2）4^{上}煤组：位于延安组下段的上部，上距 3 煤 12.15~42.62m，平均 20.62m；下距 4 煤 0.80~45.35m，平均 17.05m。

4^{上}煤组与 4 煤间距变化大，但规律性明显，8 号勘探线以西两者间距 2~10m，以东 20~40m；南部间距较大，向北逐渐变小，直至两者合并。

该煤见煤点 102 个，其中可采点 84 个，可采指数 0.82；含煤面积 73.20km^2，可采面积 72.43km^2。

4^{上}煤厚 0~7.02m，平均 2.88m，可采厚度 0.12~6.36m，平均 2.49m，属薄-厚煤层。煤层变异系数 0.40，该煤层属局部可采的较稳定煤层。

煤层结构简单至较复杂，以简单结构为主，0~1 层夹矸占 88.24%，大于 2 层夹矸占 11.76%。4 号勘探线至 7 号勘探线北段煤层结构较复杂，夹矸一般大于 3 层，在 D21、D49、D42、193 孔一带，夹矸层数多达 10 层（193 孔）。夹矸单层厚 0.05~0.71m，一般 0.1~0.40m，以泥岩、砂质泥岩为主，碳质泥岩次之，个别点为粉砂岩或细粒砂岩。4^{上}煤结构简单-复杂，分叉为 4$^{上-1}$、4$^{上-2}$煤，组成 4^{上}煤组。可采区煤层底板标高 444.28~789.74m。

（3）4$^{上-1}$煤层：为 4^{上}煤的分叉煤层之一。上距 3^{-2}煤 12.69~27.93m，平均 20.01m，下距 4$^{上-2}$煤 0.80~17.93m，平均 4.33m。分布在煤矿南部，见煤点 50 个，可采点 43 个；含煤面积 61.73km^2，可采面积 33.82km^2，面积可采率 54.79%，煤层厚 0~1.72m，平均

厚 1.20m；变异系数 0.19，可采指数 0.86，属局部可采的较稳定的煤层。

4$^{上-1}$煤层结构简单，无夹矸或只有一层夹矸，夹矸岩性为泥岩、砂质泥岩，厚 0.10～0.60m，伪顶零星分布，均为小于 0.05m 的碳质泥岩；直接顶板以泥岩、砂质泥岩为主，局部为粉砂岩-砂岩；底板为泥岩、砂质泥岩或砂岩。可采区底板标高 488.32～752.30m。

（4）4$^{上-2}$煤层：为 4^{上}煤的上分叉煤层之一，分布 7 线以东地区，下距 4^{上}煤层 0.80～12.12m，平均 2.08m。见煤点 28 个，可采点 26 个，可采指数 0.93；变异系数 0.29；分布面积 16.62km^2，可采面积 14.54km^2，面积可采率 87.48%。煤层厚 0～2.36m，平均 1.36m。该煤层属局部可采较稳定煤层。

4$^{上-2}$煤层结构简单，无夹矸或含一层夹矸，夹矸岩性以泥岩、砂质泥岩为主，厚度一般小于 0.30m。伪顶、伪底不发育，直接顶为泥岩-砂岩；直接底板以泥岩、粉砂岩为主。可采区底板高程 444.28～789.74m。

7.2.4　煤质

大佛寺煤矿各煤层同属低变质烟煤，物理性质基本相似，黑色，褐黑、棕褐色条痕，细条带、条带状结构，层状构造，贝壳状、阶梯状及参差状断口，燃烧时红焰，焰长、微膨-不膨，4^{上}、4$^{上-2}$煤层视密度为 1.45t/m^3，4$^{上-1}$煤层为 1.43t/m^3、4 煤层为 1.39t/m^3。

煤岩特征具体可描述为：

（1）宏观煤岩组分：4^{上}、4$^{上-2}$煤层以亮煤为主，次为暗煤及镜煤；4$^{上-1}$煤层主要为暗煤，次为亮煤及镜煤；4 煤层以亮煤、暗煤为主，含少量镜煤。

（2）宏观煤岩类型：4^{上}、4$^{上-2}$煤层上部以暗淡煤为主，下部为半亮-半暗型；4$^{上-1}$煤层为暗淡型；4 煤层上部以暗淡型为主，次为半暗型，下部为半暗型。

（3）显微煤岩组分：各煤层有机显微组分含量较高，平均值在 92% 以上。无机组分含量较低，平均值为 5.8%～6.8%，以黏土类和碳酸盐类为主，硫化物和氧化物含量较少。

煤岩的工业分析如表 7-3 和表 7-4 所示。

表 7-3　煤层工业分析统计表

煤层点	原煤工业分析						
	M_{ar} /%	M_{ad} /%	A_d /%	V_{daf} /%	$S_{t,d}$ /%	$Q_{net,ar}$ /(MJ/kg)	$Q_{net,d}$ /(MJ/kg)
4^{上}、4$^{上-2}$	4.08—12.40 7.54	2.23—7.68 5.24	8.80—30.16 17.72	27.18—39.12 34.37	0.20—2.81 1.58	20.46—26.16 23.98	21.31—29.86 25.94
4$^{上-1}$	4.90—9.60 6.22	3.76—6.61 5.06	10.91—33.19 17.57	27.06—33.84 30.50	0.35—2.96 1.59	19.46—26.71 24.87	20.46—29.55 26.52
4	4.49—10.47 7.13	2.36—6.46 4.66	9.98—35.94 15.78	28.36—35.61 32.43	0.08—2.72 0.69	18.42—26.35 24.49	19.29—29.43 26.37

注：表内数字为 $\dfrac{最小值—最大值}{平均值}$。

表 7-4　煤层工业分析统计表

煤层点	浮煤工业分析			
	M_{ar} /%	M_{ad} /%	V_{daf} /%	A_d /%
4上、4上-2	3.35—8.70 5.64	4.02—9.94 5.84	27.80—39.07 34.91	27.80—39.07 34.91
4上-1	3.93—7.08 5.45	4.97—10.60 4.81	26.99—37.84 31.17	26.99—37.84 31.17
4	2.40—8.05 5.02	3.59—11.52 6.04	27.62—37.51 32.07	27.62—37.51 32.07

注：表内数字为 $\dfrac{最小值—最大值}{平均值}$。

（1）水分：各煤层原煤水分（M_{ad}）含量平均值变化在 4.66% ~ 5.24%，其中 4 煤层含量最低，为 4.66%，4上、4上-2 煤层含量最高为 5.24%。各煤层收到基水分（M_{ar}）比空气干燥基水分略增高，平均值为 6.22% ~ 7.54%。

（2）灰分（A_d）：各煤层原煤灰分产率平均值变化在 15.78% ~ 17.72%，标准差 4.26 ~ 4.85，按国家煤炭灰分分级标准《煤炭质量分级 第 1 部分：灰分》（GB/T 15224.1—2018），属灰分产率变化小的低中灰分煤。浮煤灰分产率平均值为 4.81% ~ 6.04%。

浮煤挥发分产率（V_{daf}）：各煤层浮煤挥发分产率平均值在 31.17% ~ 34.91%，按国家煤炭行业标准《煤的挥发分产率分级》（MT/T 849—2000），属中高挥发分煤。

（3）有害元素包括以下几类：

全硫（$S_{t,d}$）：4上、4上-2、4上-1 煤层全硫含量平均值在 1.58% ~ 1.59%，标准差 0.72 ~ 0.75，按国家标准《煤炭质量分级 第 2 部分：硫分》（GB/T 15224.2—2010），属变化中等的中高硫分煤。4 煤层为本煤矿全硫含量最低的煤层，其含量为 0.08% ~ 2.72%，平均值 0.69%，标准差 0.60，为变化中等的低硫分煤。

各种硫：各煤层原煤硫以硫化铁硫为主，平均值为 0.53% ~ 1.39%；有机硫次之；硫酸盐硫一般小于 0.04%，浮煤中以有机硫为主，硫化铁硫次之。4上、4上-2 煤层浮煤有机硫 0.33% ~ 0.48%，平均 0.42%；4 煤层浮煤有机硫为 0.07% ~ 0.36%，平均 0.15%。

磷（P_d）：各煤层原煤磷含量在 0.001% ~ 0.15%，平均值 0.012% ~ 0.02%，按国家煤炭行业标准（MT/T 562—1996）《煤中磷分分级》，属低磷分煤，各煤层浮煤磷平均值不大于 0.013%。

氯、氟、砷：各煤层氯含量较低，为 0.004% ~ 0.09%，平均值 0.022% ~ 0.031%，按国家煤炭行业标准《煤中氯含量分级》（MT/T 597—1996），属特低氯煤，燃烧时对锅炉无害。各煤层原煤氟含量平均值变化在 79 ~ 82μg/g，浮煤氟含量平均值 71 ~ 75μg/g，根据国外资料，氟含量大于 300μg/g 属高氟煤，本煤矿煤层属低氟煤。本煤矿各煤层砷含量较低，4上、4上-2 煤平均值为 5μg/g，根据国家煤炭行业标准《煤中砷含量分级》（MT/T

803—1999），属二级含砷煤；4 煤层砷含量平均值 4μg/g，属一级含砷煤，符合酿造和食品工业燃烧用煤低于 8μg/g 的要求。对于个别砷含量较高的煤点，经过浮选后砷含量低于 8μg/g。

（4）浮煤元素分析：各煤层碳、氢、氮、氧变化范围很小，其平均值依次为 82.63% ~ 83.90%、4.79% ~ 4.94%、0.80% ~ 0.90%、10.14% ~ 10.91%。

（5）煤灰成分：各煤层煤灰成分以二氧化硅为主，含量在 23.34% ~ 70.01%。$4^{上-1}$ 煤层含量较高，平均值为 55.78%；三氧化二铁含量 4 煤层较低，平均值为 8.86%，其余煤层为 16.15% ~ 17.56%；氧化钙含量 $4^{上-1}$ 煤层最低，平均值为 3.61%，4 煤层含量最高，平均值为 17.39%；三氧化二硫平均值变化在 2.74% ~ 5.85%。

煤岩的工艺性能如下：

（1）发热量：大佛寺煤矿各煤层原煤干基低位发热量（$Q_{net,d}$）平均值 25.94 ~ 26.52MJ/kg。$4^{上}$、$4^{上-2}$ 煤收到基低位热量平均值 23.98MJ/kg。根据国家标准《煤炭质量分级 第 3 部分：发热量》（GB/T 15224.3—2010），属中高热值煤；$4^{上-1}$、4 煤平均值 24.49 ~ 24.87MJ/kg，属高热值煤。

（2）可磨性：各煤层（4、$4^{上}$、$4^{上-2}$、$4^{上-1}$）原煤哈氏可磨性指数（HGI）平均值为 61% ~ 67%，按国家煤炭行业标准《煤的哈氏可磨性指数分级》（MT/T 852—2000），其数值均超过 50%，属易磨碎煤。

（3）煤灰熔融性：$4^{上}$、$4^{上-2}$ 煤煤灰软化温度（ST）为 1050 ~ 1500℃，平均 1270 ~ 1350℃。根据国家煤炭行业标准（MT/T 853.1—2000）《煤灰软化温度分级》，属中等软化温度灰；4 煤煤灰软化温度（ST）为 1121 ~ 1460℃，平均 1250℃，属较低软化温度灰。

（4）黏结性与结焦性：各煤层黏结指数大部分为 0，原煤焦渣特征 2 ~ 3，浮煤焦渣特征 3 ~ 4，表明黏结性、结焦性差。$4^{上}$、$4^{上-2}$ 煤层少数样点有弱黏结性及弱结焦性。

（5）热稳定性：大佛寺煤矿各煤层大于 6mm（T_{s+6}）残渣在 59.63% ~ 90.50% 之间，平均值为 73.65% ~ 82.37%。根据国家煤炭行业标准《煤的热稳定性分级》（MT/T 560—2008），属高热稳定性煤。

（6）煤对 CO_2 反应性：各煤层反应性随温度的升高而增大，950℃ 时，各煤层反应性平均值在 38.6% ~ 52.2%，当温度升高到 1100℃，平均值为 82.8% ~ 92.7%。

（7）结渣性：据试验资料，大佛寺煤矿煤平均结渣率为 18.0% ~ 31.9%。依据国家标准《煤的结渣性测定方法》（GB/T 1572—2018）评价，属弱结渣煤，作为气化用煤，气化炉结渣少，不易结渣，气化好，热效率高，排渣正常。

（8）灰黏度：据试验资料，$4^{上}$、$4^{上-2}$ 煤层煤灰试验温度为 1280 ~ 1450℃ 时，黏度 51.0 ~ 138.8Pa；$4^{上-1}$ 煤层煤灰试验温度 1550℃ 时，黏度 58.6Pa；4 煤层煤灰试验温度 1370 ~ 1380℃ 时，黏度 49.1 ~ 209.0Pa。随着温度的升高，煤灰黏度降低。一般要使液态排渣炉顺利操作，要求煤灰黏度为 50 ~ 100Pa，最高不超过 250Pa，大佛寺煤矿煤用作液态排渣炉，$4^{上}$、$4^{上-2}$ 及 4 煤煤灰温度需达到 1300℃ 左右；$4^{上-1}$ 煤煤灰温度需达到 1500℃ 左右。

（9）可选性分析包括以下三个方面：

筛分试验：勘探时，简选样试验结果表明，随着粒级的减小，产率降低，4上煤层 13～6mm 粒级产率为 35.73%～63.86%，灰分 12.01%～45.48%；3～0.5mm 粒级产率 12.63%～18.09%，灰分 9.70%～37.02%。4 煤层 13～6mm 粒级产率 17.80%～65.50%，灰分 12.48%～29.02%；3～0.5mm 产率 18.50%～38.72%，灰分 10.59%～25.58%。

浮沉试验：简选样 13～0.5mm 粒级浮沉试验，选用 1.6 密度级 ±0.1 产率评价，4上煤层产率平均 13.2%，回收率平均 74.79%，灰分平均值为 10.19%。根据国家标准《煤炭可选性评定方法》（GB/T 16417—2011），4上煤属中等可选煤；4 煤层产率平均 14.0%，平均回收率 82.32%，灰分平均值为 9.71%，属中等可选煤。

泥化试验：据试验资料，4上、4上-2煤若混入伪顶、夹矸、伪底洗选时，有明显的泥化现象，悬浮液缓慢发生沉降，长时间不出现澄清层，形成的溶胶为深灰色，<0.5mm 产率 4.30%～5.00%，<10μm 产率 2.52%～3.01%；4上-1煤层若混入伪顶、夹矸、伪底洗选时，也有明显的泥化现象，形成溶胶颜色为黑灰色，<0.5mm 产率 9.10%～77.00%，<10μm 产率 6.00%～10.20%；4 煤层混入伪顶、夹矸、伪底洗选时，有泥化现象，形成溶胶颜色为黑灰色，混浊，<0.5mm 产率 3.18%～15.00%，<10μm 产率 1.14%～13.14%。

（10）液化性及焦油产率：本煤田煤层液化需加氢并需经洗选，以降低 C、H 原子数比和煤层灰分。煤层焦油产率平均大于 7%，属富油煤。

7.3　煤层气现状

7.3.1　煤层气主要成分

大佛寺煤矿以往勘探时在 100 个钻孔采了 126 个煤层气样，并在 5 个钻孔采了 5 个煤层顶板煤层气样，煤层气采集以解吸法为主，煤层气成分及含量测定结果汇总于表 7-5。

表 7-5　煤层气含量测定汇总表

煤层号	CH_4 /(mL/g) （最小—最大）	自然瓦斯成分/%		
		CH_4 （最小—最大）	CO_2 （最小—最大）	N_2 （最小—最大）
4	0.01—6.29	0.32—95.26	0.11—7.21	3.33—94.80
4上、4上-2	0.02—3.89	0.10—99.16	0.10—31.01	10.88—96.02
4上-1	0.37—4.87	16.31—78.72	0.10—6.33	2.00—99.54

（1）4 煤层：自然煤层气成分以甲烷为主，有效控制深度 311.96～725.38m，甲烷成分最高值 95.26%（D33 孔），最高含量 6.29mL/g（D32 孔），煤层气成分及分带的平面特征为：原 10 号勘探线以东，以氮气、沼气为主，甲烷浓度增高，含量增大，形成沼气

带，其周围为氮气-沼气带。原 12 号勘探线以西（原大佛寺煤田西部）为二氧化碳-氮气带（图 7-5）。

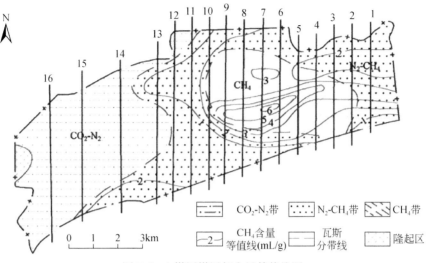

图 7-5 4 煤层煤层气含量等值线图

煤层气含量的基本规律是随着煤层埋藏深度加深而增大，煤层气变化梯度为：煤层埋深每增加 54.18m，煤层气含量相应增加 1mL/g，甲烷含量随甲烷浓度的增大而增大。

（2）4^{上}煤（含 4$^{上-1}$、4$^{上-2}$）：原勘探时采样控制深度 265.00～642.22m，大部分属煤层气风化带范畴。甲烷成分最高值 99.16%（D31 孔），甲烷最高含量 4.87mL/g（D78 孔），自然煤层气成分以氮气、甲烷为主。煤层气成分及分带的平面特征基本与 4 煤层相似，原 12 号勘探线以东除 27-7 号孔一带为甲烷带外，均为氮气-甲烷带；以西为二氧化碳-氮气带（图 7-6）。煤层气变化梯度为：煤层深度每增加 75.17m，煤层气增加 1mL/g，甲烷含量随甲烷浓度的增高而增加。

（3）围岩煤层气：在 4$^{上-1}$、4 煤顶板采样分析结果，4$^{上-1}$煤顶板煤层气含量与该煤层煤层气含量基本相同；4 煤层顶板煤层气含量小于该煤层煤层气含量（表 7-6）。

表 7-6 11 号孔煤层、顶板煤层气测定对照表

层号	CH_4/%	CO_2/%	N_4/%	CH_4/（mL/g）
4$^{上-1}$煤层顶板	16.31	0.63	83.06	0.56
4$^{上-1}$煤层	37.64	0.96	61.58	0.74
4 煤层顶板	16.73	1.42	81.85	1.30
4 煤层	83.57	0.39	16.04	2.45

（4）煤层气评价：本煤田煤层甲烷最高含量为：6.29mL/g（D32 孔 4 煤），围岩甲烷最高含量为 3.33mL/g（D27 孔 4^{上}煤）。评价值为（6.29+3.33）×1.3mL/g = 12.51mL/g

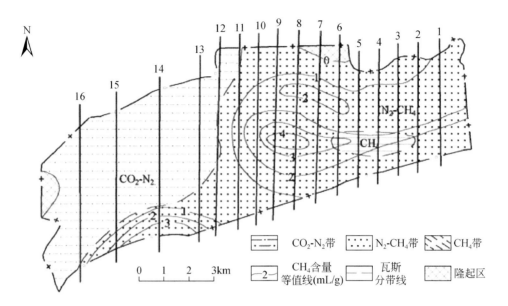

图 7-6　$4^上$（含 $4^{上-1}$、$4^{上-2}$）煤层煤层气含量等值线图

（其中 1.33 为经验系数），表明本煤田煤层煤层气含量高，对采煤影响大，建议对矿井设计和煤矿生产予以足够的重视。

7.3.2　矿井煤层气涌出特征及评价

7.3.2.1　邻近生产矿井煤层气

大佛寺矿井邻近的各生产矿井，经陕西省有关部门进行矿井煤层气测定，其煤层气涌出量较高，均属高沼气矿井。

7.3.2.2　建井试生产阶段矿井煤层气

（1）矿井煤层气等级：矿井试生产阶段，于 2007 年 6 月进行了矿井煤层气鉴定工作。鉴定月内，井下布置一个综放工作面，两个综掘工作面，两个放采工作面。主采 4 号煤层厚度 15m，综放工作面长 150m，采用全部垮落法管理顶板。根据采掘安排和通风系统现状，共布置 6 个测点，即南总回风、北总回风、40301 综放面回风、40300 回顺回风、40300 运顺回风、40104 回顺回风。

煤层气等级鉴定：矿井煤层气绝对涌出量为 87.52m³/min，二氧化碳绝对涌出量为 4.68m³/min，矿井煤层气相对涌出量为 18.10m³/t，二氧化碳相对涌出量为 0.97m³/t，根据《煤矿安全规程》第 133 条的规定，矿井鉴定为高煤层气矿井。

（2）矿井煤层气来源及鉴定结果分析。在正常情况下，矿井煤层气涌出主要来源于采煤工作面落煤煤层气涌出。鉴定月内，矿井布置一个综放工作面和四个煤巷掘进工作面，对矿井煤层气进行监测。根据对矿井各测点煤层气涌出量的统计，回采绝对煤层气涌出量 $32.65m^3/min$，占全矿 37%；掘进绝对煤层气涌出量 $35.94m^3/min$，占全矿 41%；其他地点煤层气涌出量 $18.93m^3/min$，占全矿 22%。从测定数据看，掘进工作面及综放工作面煤层气涌出量较大，是矿井煤层气涌出的主要来源。

从煤层气鉴定所测数据看，大佛寺煤田煤层煤层气赋存量大，随着煤炭开采量的加大，煤层气涌出量会进一步增大。观测数据显示，40104 回顺掘进面风排煤层气量最高达 $9.98m^3/min$，抽放煤层气 $8.5m^3/min$，因此，既要加强掘进通风管理、确保有效供风，又要加强掘前预抽和边掘边抽工作，加大抽放能力，提高抽放效果。其他地点煤层气涌出主要原因是三条大巷没有一次成巷所致，随着三条大巷收尾工作的结束，煤层气涌出也会逐步降低。

7.3.2.3　采掘煤层气涌出特征及其影响因素

建井过程中，40301 回风顺槽 2006 年 3 月 10 日正常掘进中绝对煤层气涌出量 $1.78m^3/min$，3 月 11 日当工作面施工到 R2 测点 137.10m 处煤层裂隙带时，煤层气涌出量、涌水量均出现异常，煤层气绝对涌出量曾一度达到 $14.42m^3/min$，涌水量达到 $25.0m^3/h$。据煤层气测定资料统计，该工作面在掘进过程中回顺煤层气绝对涌出量 8 ~ $10m^3/min$，运顺煤层气绝对涌出量 10 ~ $11m^3/min$；在工作面回采期间，平均绝对煤层气涌出量为 $32.47m^3/min$。煤层气涌出量比较大，曾多次造成工作面上隅角煤层气超限。主要影响因素为管理措施不到位、措施落实不力及煤层中节理裂隙发育造成煤层气大量涌出等。因此建议在以后的煤层气管理中一定要吸取这几方面经验，特别在采前预抽方面下功夫，尽量减少煤层气影响。

7.4　试验矿井

7.4.1　选择依据

试验区位于大佛寺煤田 4 号煤层煤田中南部，该区域内共有 DFS-132、DFS-133、DFS-134、DFS-87V 和 DFS-87H 等 11 口井，其中 DFS-87V 和 DFS-87H 为斜井+水平井组合井，其余井均为直井。井位分布情况如图 7-7 所示。

从以下三个方面考虑，最终选择试验井井号为 DFS-135。该井为直井，进行过两次压裂措施。

（1）地理位置：该实验区域内的 11 口井可以划分为两排井，呈相互平行分布，第一排井包括 DFS-132、DFS-133、DFS-71、DFS-73、DFS-84 和 DFS-87 六口井，第二排为 DFS-135、DFS-134、DFS-74 和 DFS-87V 和 DFS-87H 五口井。在第一排井往北约 300m 为矿区矿道，矿道与第一排井亦呈相互平行分布。其中，距离矿道最近的 DFS-132 井直线距

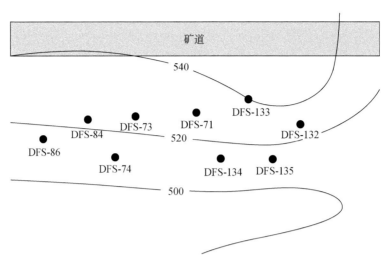

图 7-7　试验区域井位分布情况

离约为 280m。第二排井距离该矿道最远。考虑到该区域内井均进行过注气驱替工作，井下压裂后裂缝走向无法确定，因此从安全角度考虑，为了将注气后驱替出的气体进入矿道的可能性降至最低，应该选择离矿道最远的井，即第二排井。

（2）可采性：DFS-135 井井下 4 号煤层分总厚度 14.37m。上顶为 4.17m 厚砂岩层，下底为 2.34m 厚砂岩层，砂岩隔水性好、渗透性差，能够有效储集煤层气。该井下煤层深度较周围井更浅，如此便将注气后串气至其他井的可能性降至最低。

（3）煤层气储备情况：DFS-135 前期经过较短时间的煤层气开采工作，具有较多的煤层气储备。

7.4.2　DFS-135 井井况综述

DFS-135 井位于咸阳市长武县亭口镇浦家庄，是陕西彬长新生能源有限公司部署的一口煤层气生产井/直井。海拔：1096m；设计井深：567m；目的层：侏罗系延安组 $4^\text{上}$、4 号煤层；完钻层位：三叠系胡家村组；完钻原则：钻穿 4 号煤层留足 60m 口袋；完井方法：套管完井（完钻后根据模拟结果决定是否套管完井）。

当时钻探 DFS-135 井的目的为：取得该地区含煤性及目标煤层的可采性参数、储层参数等，主要包括煤层厚度、埋深、煤岩及煤质特征；评价该区煤层气地质条件、储层特征、资源分布与开发条件，通过储层模拟技术、预测煤层气产能，评价该地区的煤层开发潜力，估算该区的煤层气储量。

本井自上而下依次钻穿第四系（Q）、白垩系下统洛河组（K_1l）、宜君组（K_1y），侏罗系中统安定组（J_2a）、直罗组（J_2z）、中下统延安组（J_2y），下统富县组（J_1f），三叠系上统胡家村组（T_3h）（未穿）完钻，现场分层数据详见表 7-7。

表 7-7　分层情况

地层系统				代号	底界深度 /m	岩性简述
界	系	统	组			
新生界	第四系			Q	178.90	土黄色粉砂质黄土、松散状。质均，大孔隙度
中生界	白垩系	下统	洛河组	K_1l	336.00	紫红色中–细粒砂岩夹泥岩及砂砾岩，巨厚层状，具大型斜层理及交错层理
			洛河组	K_1l	665.00	紫红色中–细粒砂岩夹泥岩及砂砾岩，巨厚层状，具大型斜层理及交错层理
			宜君组	K_1y	355.00	棕红色块状砾岩，成分主要为石英岩、花岗岩及少量的变质岩块
	侏罗系	中中统	安定组	J_2a	429.00	紫红、灰绿色杂砂岩夹杂砂泥岩及泥灰岩透镜体
			直罗组	J_2z	453.00	蓝灰、灰绿色粗砂岩、上部夹暗紫色泥岩，蓝灰色为该层的主色调，底部有一层灰白色中–粗粒长石砂岩
		中下统	延安组	J_2y	540.00	下部灰色泥岩夹厚煤层，底部发育不稳定厚砂岩；中部中–粗细砂岩夹泥岩及薄煤；上部砂泥岩互层夹煤线。含丰富的植物化石
		下统	富县组	J_1f		下部中粗砂岩角砾岩，上部紫红色铝土质泥岩
	三叠系	上统	胡家村组	T_3h	597.02 （未穿）	灰绿色中细砂岩夹泥岩，含灰质结核。泥岩为黑色、黑灰色质细、致密，水平层理极其发育，稍微风化即成"镜片"

第四系一开不要求录井（井段：0.00～178.90m）。

洛河组（K_1l）：录井段 178.90～336.00m，厚度 157.10m，岩性特征为棕红色、紫红色中粗砂岩及砾岩，砾屑成分以花岗岩、变质岩为主。

宜君组（K_1y）：录井段 336.00～355.00m，厚度 19.00m，岩性特征为杂色砾岩，砾屑成分以花岗岩、变质岩为主。

安定组（J_2a）：录井段 355.00～429.00m，厚度 74.00m，岩性特征为紫红色、棕红色砂质泥岩、粉砂岩，夹青灰、蓝灰、灰紫色含砾粗砂岩。

直罗组（J_2z）：录井段 429.00～453.00m，厚度 24.00m，岩性特征上部以灰绿色、紫红色、紫灰–蓝灰色泥岩为主，夹灰绿色、灰紫色中粗砂岩；下部以灰绿–灰白色砂岩为主，夹紫灰色、灰褐色泥岩、砂质泥岩。

延安组下段（J_2y）：录井段 453.00～540.00m，厚度 87.00m，岩性特征上部为灰色细砂岩、砂质泥岩，含植物化石及黄铁矿结核，中、下部为煤系地层，由深灰色泥岩、砂质泥岩、泥岩及浅灰色粉砂岩和煤层组成。含4^{上}煤、4号煤层。

胡家村组（J$_3$h）：录井段540.00~597.02m，厚度57.02m，岩性特征为灰色砂质泥岩、粉砂岩、细砂岩（未穿）。

本煤田主要可采煤层为4^{上}煤、4号煤层，现将本井主要煤层段综述如下：①井段为500.20~504.90m，厚度为4.70m。煤层编号为4^{上}煤，显示时间为2014年6月20日，层位为侏罗系下统延安组。显示段岩性为性脆，具玻璃光泽，断口呈阶梯状，略污手，煤屑呈块状。钻井液性能：密度为1.03g/cm^3，黏度为31mPa·s，无变化。②井段为517.40~531.10m，厚度为13.7m，煤层编号为4号煤，显示时间为2014年6月20日，层位为侏罗系下统延安组。显示段岩性为性脆，具玻璃光泽，断口呈阶梯状，略污手，煤屑呈块状。钻井液性能：密度1.03g/cm^3，黏度为30mPa·s，无变化。

7.4.3　DFS-135井生产动态参数

DFS-135井于2014年11月9日开始排采，2015年3月23日见气，生产阶段经常出现只产水不产气的情况，2019年6月20日停井，累计排采1684天。最大产气量849m^3，最大产水量31.62m^3，累计产气量518238.21m^3，累计产水量15646.55m^3。

7.4.4　注氮参数

根据室内实验及数值模拟试验结果认为：$P_{优}$ = 10MPa（注入压力越大越好）；$V_{优}$ = 2200mL/min（注气速度越快越好）；$N_{优}$ = 65L（段塞量能大则大）；间歇时间$T_{优}$ = 1h；注气时间越长越好（实际根据生产成本进行控制约束）。结合室内实验和数值模拟结果，设计最佳氮气驱替效率下的注气参数，决定以下注入要求：

（1）注气压力：在设备及现场安全施工允许范围内尽量提高注入压力。其次，施工压力应控制在地层破裂压力之下，根据现场压裂施工参数反馈，注入压力应小于10MPa（结合室内试验间歇驱替效率分析结果，初步设计4.5MPa）。

（2）井下煤层厚度13.67m，已知DFS-135井井下半径约为151m，计算井下注气椭球体体积为23488m^3。

（3）根据PTV关系，井下4.5MPa压力下的氮气体积折合成井口标量为822080m^3，但考虑到井筒内和罐车内气体会有剩余，对计算得到的气体乘以系数1.2，得到所需标量氮气总体积约为986496m^3。

具体注入方式及参数如下：

（1）注气方式：间隙注气，结合煤田实际工作时间制度，白天注气，晚上焖井。

（2）注气速度：注气速度1200m^3/h（为设备最大注入速度）。拟定注气周期为11d，结合每天工作10h，根据总注入量，则每天注气量约为12000m^3。

（3）注气种类：考虑设备功能性，注入纯氮气为驱替气体。

（4）注气时间：越长越好。拟定每天的注气时间为8点至18点，共注气10h/d。

（5）各井井下连通性认识不够充分，不能明确判断具体收益井号，只能对邻井生产数据分别进行检测观测。

7.5 现场施工原则和施工准备

7.5.1 现场施工原则

为做好大佛寺煤田 4 号煤层现场注氮作业项目施工过程中的安全工作，防止各类安全事故发生，确保施工过程中的人身安全和设备安全，根据《中华人民共和国安全生产法》、建设部《建设工程安全生产管理条例》有关安全文明施工管理的规定，以及试验方与承包方、施工方分别签订的"工程施工合同"中对安全文明施工的有关条款规定，进一步明确各方安全文明施工责任，注氮气施工作业公司必须提前报备以下几个原则，保证施工过程的安全、有效：①DFS-135 井安全文明施工协议；②DFS-135 井施工安全保证措施；③DFS-135 井注氮气驱替煤层气施工应急预案；④DFS-135 井注氮气驱替煤层气施工设计方案。

7.5.2 施工准备工作

1. 道路及井场准备

通往井场的道路能够满足长度为 14m，宽度为 2.6m，高度为 4.5m 的制氮车辆行驶，由于井场道路复杂，要求甲方负责协调合适车辆保证制氮车辆顺利通行。

井场应有足够的空间，能够满足制氮车辆和增压车辆的停放。

2. 施工设备准备

施工前，需要准备相关设备，其中主要设备如表 7-8 所示。

表 7-8 DFS-135 井施工设备准备表

设备	数量	设备要求
制氮车辆	1 辆	
增压车辆	1 辆	车辆施工排量可达 $1200m^3/h$，车辆及管线承压 35MPa
高压管线	4 根	
正压式空气呼吸器	2 部	
干粉灭火器	2 个	
硫化氢检测仪	2 个	
可燃气体检测仪	1 个	

续表

设备	数量	设备要求
手电筒	1 个	防爆
插排	2 个	防爆
榔头	1 把	防爆

3. 施工井口准备

（1）预生产：在未注气前，在井上安装监控设备。主要监控注气前的井底压力、煤层温度、日气/水产量和产出气中 CH_4 含量等基础数据，目的是和注气后的数据进行对比分析。

（2）起原井管、杆：起出井内抽油杆、油管，认真丈量测试，留作完井用。

（3）下光油管：下 $\Phi73mm$ 光油管至532m，完成施工管柱。

（4）更换井口：将目前250型井口更换为700型井口，要求承压35MPa，各开关闸门要齐全好用，密封性好，无渗漏；油管阀门、套管阀门分别装量程40MPa压力表。

（5）连接流程：将生产流程连接到油管闸门上，要求密封性好（流程请加过滤装置，防止返出的煤屑堵塞流程）。

（6）接放喷管线：在油管处接放喷管线（硬管线），要求固定牢靠。

4. 主要施工人员配置

在施工过程中，需要完成以下人员配置（表7-9）。

表7-9 DFS-135井施工人员配置

职位	数量/人
现场指挥人员	1
现场技术人员	1
现场带队队长	1
现场操作工	3

5. 主要施工设备

（1）KQ35/65型采气树一套（图7-8），用来固定钻进井的井口，连接井口套管柱，密封和控制管间的环形空间，悬挂油管、控制井口的压力和调节气井的流量，并能把采出气体诱导到井口的油管去，必要时还可用来关闭气井，该采气树由套管头、油管头和采油（气）树三部分组成，由于该型号采气树适用于各种套管、油管程序及各种连接方式，且采油树工作安全可靠，操作维修简单方便，因此作为备选材料。

图 7-8　采气树

（2）50kW 或 75kW 电机一部（制氮车自带），为现场设备提供稳定电压。

（3）在线制氮车一辆，增压注氮车一辆（图 7-9）。

图 7-9　制氮车与增压车

（4）注氮设备中心控制系统，用来控制现场注氮工艺参数（图 7-10、图 7-11）。

图 7-10　注氮设备中心控制系统

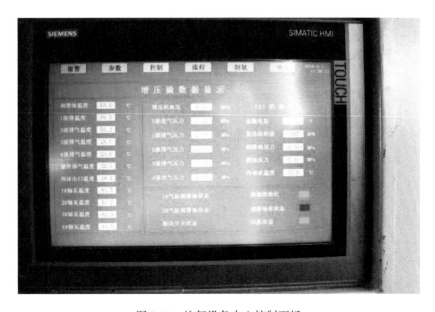

图 7-11　注氮设备中心控制面板

7.5.3　主要工具、器材及用料

（1）井下监控设备：井下煤层处需安装压力计和温度计，用于检测在注气和产气阶段的井下压力及煤层温度变化情况。设备安装在油管上，下入至目标煤层。安装目的是采集地下煤层的实时动态数据，用于后期的分析，在注气前、焖井中以及采气阶段均需监控井下煤层的压力和温度变化情况。设备安装位置如图 7-12 所示。

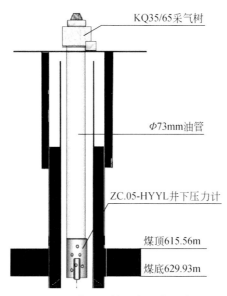

KQ35/65采气树

Φ73mm油管

ZC.05-HYYL井下压力计

煤顶615.56m

煤底629.93m

图 7-12　井下监控设备安装示意图

（2）高压管汇若干及安全阀、单流阀，用于连接罐车、注入泵、井口等设备。

7.5.4　现场施工工序

（1）安全环境监测：设备、施工人员进入施工井场前，由现场施工人员做好个人防护，携带硫化氢检测仪、可燃气体检测仪检测井口周围环境，确保施工井场安全。

（2）摆放车辆：在井口附近按照要求摆放施工车辆，风向标、逃生路线、防护器具等摆放准确。

（3）连接反注管线：在套管处连接反注氮气施工管线。

（4）管线试压：关闭油管闸门、套管闸门，对地面注氮管线试压 35MPa，稳压 30min，压降不大于 0.5MPa 为合格。

（5）检查安全阀：检测安全阀是否正常工作。

（6）反替井内积液：打开油管闸门及生产闸门，打开套管闸门，大排量反替井内积液，将井筒反替干净根据现场实际情况定反替次数。

（7）接正注氮气流程：关闭油管闸门、套管闸门，接正注氮气管线。

（8）管线试压：对地面注氮管线试压 35MPa，稳压 30min，压降不大于 0.5MPa 为合格。

（9）正注氮气：关闭套管闸门，打开油管闸门，从油管正挤氮气。具体施工详见施工程序表。施工中随时监控施工压力及排量，并做好现场记录，实际注氮排量、压力及注氮气量根据现场情况进行调整。

（10）注气阶段：邻井压裂时施工压力 25MPa，但是破裂不明显，所以本次施工的原则是初期注入压力不高于 25MPa，后期注入压力可以适当提高，但是不高于 32MPa。在该井注气阶段，保持其他开采井正常生产，记录日产气量、压力数据，以及气体中甲烷含量（采用便携式气相色谱仪）（表 7-10）。

表 7-10　DFS-135 井施工计划表

施工日期	施工时间	注气方式	注入时间 /h	施工压力 /MPa	施工排量 /m³	日注氮气量 /m³	累计注氮气量 /m³
Day 1	8：00～18：00	反替	10	4.5	1200	12000	12000
Day 2	8：00～18：00	反注	10	4.5	1200	12000	24000
Day 3	8：00～18：00	反注	10	4.5	1200	12000	36000
Day 4	8：00～18：00	正注	10	4.5	1200	12000	48000
Day 5	8：00～18：00	正注	10	4.5	1200	12000	60000
Day 6	8：00～18：00	正注	10	4.5	1200	12000	72000
Day 7	8：00～18：00	正注	10	4.5	1200	12000	84000
Day 8	8：00～18：00	正注	10	4.5	1200	12000	96000
Day 9	8：00～18：00	正注	10	4.5	1200	12000	108000
Day 10	8：00～18：00	正注	10	4.5	1200	12000	120000
Day 11	8：00～12：00	正注	10	4.5	1200	12000	124000

7.6　试验数据分析

7.6.1　井下压力，温度变化规律

煤层气开采过程中，井下煤层压力是反映气体渗流特征的重要参数。通过井下监控设备在未注气阶段、注气中和开采阶段分别获取的井下压力和温度数据，能够为分析矿场试验效果提供依据。图 7-13 表示未注气阶段，每隔 1h 记录一次井下压力和温度变化情况，可知最大压力为 5.14MPa，最小压力为 5.12MPa，平均井下煤层压力为 5.13MPa；井下煤层温度最高为 26.4℃，最低温度为 26.2℃，平均井下煤层温度为 26.3℃。检测结果表明注气前井下温压系统稳定[50]。

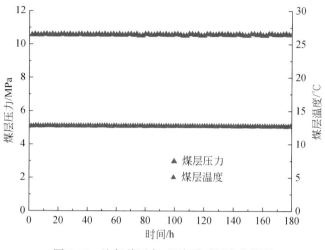

图 7-13　注气前压力-温度随时间变化情况

图 7-14 表示从注气开始到注气结束过程中的井下煤层温度和压力的变化情况。本次注气施工共计 11 天，注入氮气总量为 124200m³。从图中可以看到，在注气阶段，随着氮气的持续注入，煤层压力逐渐增加，由 5.14MPa 升高至 18.45MPa。而煤层井下温度则随着时间逐渐降低，由初始 26.3℃ 降到 20.96℃，这是由于氮气注入煤层后，氮气膨胀吸热，导致煤层温度下降。

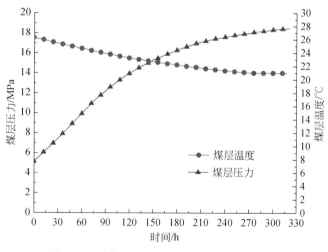

图 7-14　注气阶段压力-温度随时间变化情况

7.6.2　井组产气量规律研究

根据现场地质资料分析，认为 DFS135 井组的收益井应为 DFS-132 井（作业后期修井）、DFS-133 井、DFS-134 井、DFS-148 井、DFS-150 井（关井状态）。考虑到现场实际施工问题，可作为重点分析气井为 DFS-133 井、DFS-134 井和 DFS-148 井。在注气过程中，记录 DFS-133 井、DFS-134 井和 DFS-148 井产气量变化。通过便携式气相色谱仪定时测量产出气体中的 CH_4 浓度，共记录 11 天，每天上午 6 点、下午 6 点各记录一次，并换算成日总采气量和日总 CH_4 采气量。通过对比每日总采气量和总 CH_4 采气量能够得到 CH_4 驱替效率，能够判断注 N_2 驱替试验是否有效，并对日后的注氮驱替煤层气规模化开采提供非常重要的参考依据。

1. 注气井生产动态数据分析

DFS-135 井作为注气井，负责将氮气注入储层的作用，在试验阶段，DFS-135 井产气量没有变化，详细生产动态参数见图 7-15。

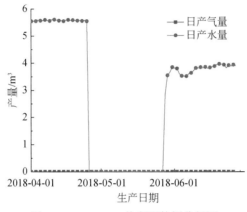

图 7-15　DFS-135 井实测数据分析图

DFS-135 井注氮气驱替现场试验期为 2018 年 4 月 26 日至 2018 年 5 月 8 日，共计施工 12 天，累计注氮气量 124200m³，注氮气之前，DFS-135 井产水量在 5m³/d 左右，无产气量。注氮气之后，DFS-135 井产水量变为 3.7m³/d 左右，产水量有所降低，但依然无产气量。DFS-135 井焖井后开井，注氮气过程中，平均日注 $9.55×10^4m^3$，累计注氮气 $12.42×10^4m^3$。施工过程中每天压力最高 2.45MPa，然后不再升高，停注氮气压力 1.0MPa，说明地层亏空严重，注入氮气并未完全补充地层能量。根据实验研究氮气进入煤层后破坏甲烷吸附键，削弱甲烷的吸附能力，而氮气自身被煤层吸附，无法排除地层；而被削弱吸附的甲烷因为地层能量不足，加上煤层出水严重，抑制了甲烷的产出。

DFS-135 井长期产水，且产水量相比邻井较大，存在注入氮气通过水流通道传向水源区域的现象（例如煤层顶底板），气窜突进严重，注入储层的氮气波及范围非常窄或波及区域无效，气层地带压力上升不明显，地层能量没有得到有效补充，驱替效果差。

2. DSF-133 井产气规律分析

DSF-133 井与 DFS-135 井相距 329m，是注气井周围较大收益井，我们对 DSF-133 井的生产动态参数进行了详细统计分析，DSF-133 井生产动态参数见图 7-16 和图 7-17。采用氮气驱替工艺之前，DSF-133 井日均产气量 1121.1m³，甲烷浓度 60%，折合甲烷日均产量 678.5m³。驱替试验之后，DSF-133 井日均产气量 1082.1m³，甲烷浓度 93%，折合甲烷日均产量 1011.5m³。甲烷日均产量增加 403.6m³，增加幅度为 55%。

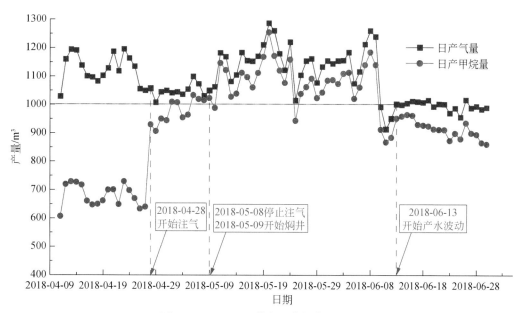

图 7-16　DSF-133 井实测数据分析图一

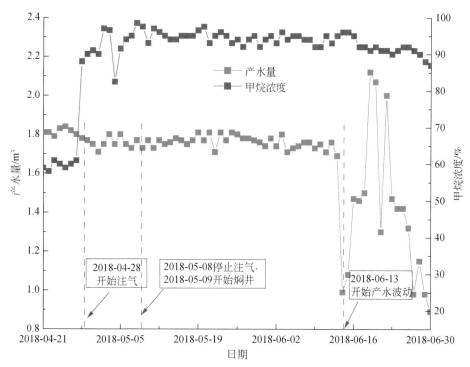

图 7-17　DSF-133 井实测数据分析图二

3. DSF-134 井产气规律分析

DSF-134 井与 DFS-135 井相距 291m，是注气井周围收益井，我们对 DSF-134 井的生产动态参数进行了详细统计分析，DSF-134 井生产动态参数见图 7-18。采用氮气驱替工艺之前，DSF-134 井无产气量，甲烷浓度 65%。驱替试验期间，随着注入时间的增加，甲烷产量逐步上升，在停注后第一天产量达到最大值 139.5m³，之后产量逐步递减。注氮期间，DSF-134 井日均产气量 86.2m³，甲烷浓度 65%，甲烷日均产量增加 56.1m³。

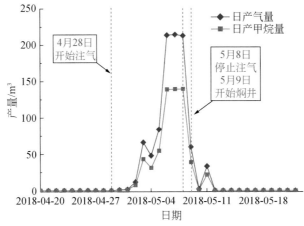

图 7-18　DSF-134 井实测数据分析图

经现场试验验证，在合适的注气方式和工艺参数情况下，氮气驱替技术具有提高煤层气产量的作用。

4. DSF-148 井产气规律分析

DSF-148 井与 DFS-135 井相距 450m，作为注气井周围收益井，我们对 DSF-148 井的生产动态参数进行了统计分析，DSF-148 生产动态参数见图 7-19。

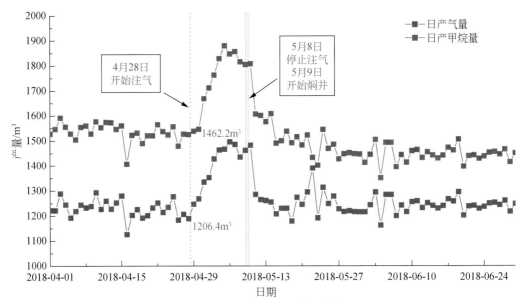

图 7-19　DSF-148 井实测数据分析图

采用氮气驱替工艺之前，DSF-148 井日均产气量 1535.3m³，甲烷浓度 79.9%，折合甲烷日均产量 1227.7m³。驱替试验之后，DSF-148 井日均产气量 1521.8m³，甲烷浓度 84.0%，折合甲烷日均产量 1275.6m³。甲烷日均产量增加 47.9m³，增加幅度为 4.1%。现场试验结果显示氮气驱替技术具有提高 DSF-148 井煤层气产量的作用。

7.6.3　现场试验总结

（1）注氮气过程中，邻井 DFS-134 井见效明显，表明注氮气确实能够有效驱替煤层气。停止注氮气后，邻井增产效果不明显，且井口无憋压现象，推测认为注入的氮气通过渗流通道进入邻井地层内，以补充地层亏空的能量，这可能是导致 DFS-135 井驱替效率不高的主要原因。DFS-134 井位于 DFS-135 井东北方位，与 DFS-135 井相隔 301.5m，注入氮气前，已停产多日。DFS-135 井注入氮气后第二天，DFS-134 井就有产量，推测极有可能在 DFS-135 井与 DFS-134 井连线方向存在优势渗流通道。

（2）DFS-135 井注气试验结束后，通过 15 天左右的排水作业，将液面降在气层以下，该井仍然只出水，不出气（氮气、甲烷均不出），结合现场施工推测认为是因为地层能量亏空严重，而试验过程中注入的氮气量相对较少，注入的氮气大部分只发挥了补充地层能量的作用，在能量未补充足够时，尚不能形成有效驱替甲烷的能力，并且产水又抑制了甲烷的解吸，从而导致 DFS-135 井无明显增产效果。

（3）试验过程中，一旦停止注入氮气，DFS-134 井的产气量立刻降低，表明 DFS-134 井的地层亏空严重，能量不足，无法建立有效且长期的增产效果。建议后续补充 DFS-134 井地下能量。

（4）建议试验结束后对 DFS-135 井北东方向井位（例如 DFS-133、DFS-148 井）持续跟踪观测生产动态，并且可尝试对 DFS-135 井南西方向（例如 DFS-150 井）采取复产措施。

（5）建议进一步明确 DFS-135 井的水源来源。如果是内水源，可以尝试增加 DFS-135 井排水量，快速排水，从而导致储层压力降低，增加氮气的解吸能力。

7.7　本章小结

注气过程中，监测邻近井 DFS-134 产气量变化，共测量 8 天数据，CH_4 日产气量均有大幅提高，驱替效率达到 65.11%。矿场试验结果和室内研究结果基本一致，进一步证实了注氮气能够有效提高煤层气采收率。但是矿场试验过程中，由于矿场施工的复杂性和试验周期短等客观原因，实际注入量未能达到设计注入量。此外矿场试验时，也仅选取了一口注气井进行了试验，未能针对不同注采因素开展更加细致和深入的多井次试验，因此本次取得的矿场试验认识还相对较少，需要进一步开展更为细致的矿场注气试验以丰富矿场注气认识。

参 考 文 献

[1] 夏德宏，张世强.注 CO_2 开采煤层气的增产机理及效果研究 [J].江西能源，2008 (1)：7-10.

[2] 吴迪.二氧化碳驱替煤层瓦斯机理与实验研究 [D].太原：太原理工大学，2010.

[3] 胡光龙，杨思敬.煤层气开发技术和前景 [J].煤矿安全，2003 (S1)：64-67.

[4] 郑奎.北龙凤地面钻孔水力压裂预排本煤层瓦斯 [J].煤矿安全，1990 (9)：5-10.

[5] 田浩，张义平，严鸿海，等."十二五"期间我国煤矿安全生产状况及对策研究 [J].煤矿安全，2017，48 (10)：243-245.

[6] 刘志坦，王文飞.我国燃气发电发展现状及趋势 [J].国际石油经济，2018，26 (12)：43-50.

[7] 张凤麟.论煤层气资源开发与我国的能源消费结构 [J].中国国土资源经济，2009，22 (3)：16-17.

[8] 方君实.煤层气"十三五"规划解读 [J].化工管理，2017 (1)：51-52.

[9] 蒋干清，史晓颖，张世红.甲烷渗漏构造、水合物分解释放与新元古代冰后期盖帽碳酸盐岩 [J].科学通报，2006 (10)：1121-1138.

[10] 陈林，万攀兵.《京都议定书》及其清洁发展机制的减排效应——基于中国参与全球环境治理微观项目数据的分析 [J].经济研究，2019，54 (3)：55-71.

[11] 王博洋，秦勇，申建，等.我国低煤阶煤层气地质研究综述 [J].煤炭科学技术，2017，45 (1)：170-179.

[12] 张小军，陶明信，王万春，等.生物成因煤层气的生成及其资源意义 [J].矿物岩石地球化学通报，2004 (2)：166-171.

[13] 吴保祥，段毅，孙涛，等.热成因煤层气组成与演化模拟 [J].天然气工业，2010，30 (5)：129-132.

[14] 陶明信，王万春，李中平，等.煤层中次生生物气的形成途径与母质综合研究 [J].科学通报，2014，59 (11)：970-978.

[15] 田乾乾，黄健良，牛欢，等.煤层气的赋存特征及其控制因素 [J].煤矿现代化，2009 (4)：78-79.

[16] 苏喜立，唐书恒，羡法.煤层气的赋存运移机理及产出特征 [J].河北建筑科技学院学报，1999 (3)：67-71.

[17] 苏现波，刘保民.煤层气的赋存状态及其影响因素 [J].焦作工学院学报，1999 (3)：4-7.

[18] 夏德宏，张世强.煤层气的运移机理及其强化抽采 [J].工业加热，2008 (2)：15-18.

[19] 陈会年，张卫东，谢麟元，等.世界非常规天然气的储量及开采现状 [J].断块油气田，2010，17 (4)：439-442.

[20] 王建美.煤层气热力开采的气水两相流动机理研究 [D].太原：太原理工大学，2015.

[21] 黄军斌.吐哈盆地沙尔湖洼陷低煤阶煤层气藏特征及储量参数研究 [D].北京：中国地质大学（北京），2011.

[22] 徐立德.加快开发我国煤层气资源 [J].煤矿安全，1996 (8)：3-6.

[23] 张大权，张家强，王玉芳，等.中国非常规油气勘探开发进展与前景 [J].资源科学，2015，37 (5)：1068-1075.

[24] 邹才能，杨智，黄士鹏，等.煤系天然气的资源类型、形成分布与发展前景 [J].石油勘探与开发，2019，46 (3)：433-442.

[25] 李鸿业.世界主要产煤国煤层气资源开发前景 [J].中国煤层气，1995 (2)：35-38.

[26] 姜晓华，柴立满，罗文静.国外煤层气开发现状及对中国煤层气产业发展的思考 [J].内蒙古石油化工，2008 (8)：46-49.

[27] 叶建平，陆小霞.我国煤层气产业发展现状和技术进展 [J].煤炭科学技术，2016，44 (1)：24-28.

[28] 冯立杰，翟雪琪，王金凤，等.采煤采气一体化开发模式的价值分析 [J].天然气工业，2011，31 (2)：110-113.

[29] 张俊威.晋煤集团采煤采气一体化综合开发模式应用探讨 [J].中国煤层气，2008 (2)：11-14.

[30] 韩小刚，刘长武，王东.水力压裂技术在地下资源开采中的应用 [J].铜业工程，2009 (3)：4-6.

[31] 罗陶涛.沁水盆地煤岩储层特征及压裂增产措施研究 [D].成都：成都理工大学，2010.

[32] 张亚蒲，杨正明，鲜保安.煤层气增产技术 [J].特种油气藏，2006 (1)：95-98.

［33］吉小峰．煤层气垂直井水力压裂伴注氮气提高采收率研究［D］．焦作：河南理工大学，2015.

［34］郝定溢，叶志伟，方树林．我国注气驱替煤层瓦斯技术应用现状与展望［J］．中国矿业，2016，25（7）：77-81.

［35］陈军，代刚，胡伟，等．浅析注 CO_2 提高煤层气采收率技术［J］．中外能源，2016，21（7）：38-42.

［36］徐鑫，梁萌．提高煤层气采收率的方法和技术进展［J］．中国煤层气，2016，13（3）：3-6.

［37］张琨，桑树勋，刘世奇，等．CO_2-ECBM 技术可行性及存在问题［J］．中国煤层气，2016，13（2）：43-46.

［38］蒋长宝，林骏，王亮，等．酸化作用前后煤样吸附甲烷特性研究［J］．煤炭科学技术，2018，46（9）：163-169.

［39］林骏．酸化下煤的甲烷吸附特性及变形模型研究［D］．重庆：重庆大学，2018.

［40］张遂安，袁玉，孟凡圆．我国煤层气开发技术进展［J］．煤炭科学技术，2016，44（5）：1-5.

［41］杨珊，倪师军，李相臣．应用生物酶提高致密煤层气采收率探讨［J］．国土资源科技管理，2014，31（4）：76-80.

［42］孙茂远，范志强．中国煤层气开发利用现状及产业化战略选择［J］．天然气工业，2007（3）：1-5.

［43］孙茂远．中国煤层气产业化战略选择［J］．中国石油企业，2006（11）：116-119.

［44］孟凡华，路兴禄，张亚庆，等．煤层气地面工程技术对标及发展趋势研究［J］．中国煤层气，2019，16（6）：9-13.

［45］秦一天．促进我国煤层气开发的财税支持政策研究［D］．北京：北京交通大学，2016.

［46］安思瑾，周康，高潮，等．鄂尔多斯盆地煤层气分布及开发利用前景展望［J］．化工管理，2013（14）：1.

［47］陈军斌，熊鹏辉，索根喜，等．吸附性气体对煤岩基质变形和渗透率的影响［J］．大庆石油地质与开发，2021，40（1）：146-153.

［48］石强．煤层气储层 N_2 驱渗流规律研究［D］．西安：西安石油大学，2017.

［49］白蕊．煤层气注 N_2 增产工艺参数优化研究［D］．西安：西安石油大学，2016.

［50］邓好．煤层气煤岩驱替实验研究及应用［D］．西安：西安石油大学，2018.